"十三五"国家重点出版物出版规划项目

经济科学译丛

空间数据分析
模型、方法与技术

曼弗雷德·M. 费希尔（Manfred M. Fischer）

王劲峰（Jinfeng Wang）　　　　　　著

张　璐　肖光恩　吕博才　译

肖光恩　总校译

Spatial Data Analysis
Models, Methods and Techniques

中国人民大学出版社
·北京·

《经济科学译丛》总序

中国是一个文明古国，有着几千年的辉煌历史。近百年来，中国由盛而衰，一度成为世界上最贫穷、落后的国家之一。1949年中国共产党领导的革命，把中国从饥饿、贫困、被欺侮、被奴役的境地中解放出来。1978年以来的改革开放，使中国真正走上了通向繁荣富强的道路。

中国改革开放的目标是建立一个有效的社会主义市场经济体制，加速发展经济，提高人民生活水平。但是，要完成这一历史使命绝非易事，我们不仅需要从自己的实践中总结教训，也要从别人的实践中获取经验，还要用理论来指导我们的改革。市场经济虽然对我们这个共和国来说是全新的，但市场经济的运行在发达国家已有几百年的历史，市场经济的理论亦在不断发展完善，并形成了一个现代经济学理论体系。虽然许多经济学名著出自西方学者之手，研究的是西方国家的经济问题，但他们归纳出来的许多经济学理论反映的是人类社会的普遍行为，这些理论是全人类的共同财富。要想迅速稳定地改革和发展我国的经济，我们必须学习和借鉴世界各国包括西方国家在内的先进经济学的理论与知识。

本着这一目的，我们组织翻译了这套经济学教科书系列。这套译丛的特点是：第一，全面系统。除了经济学、宏观经济学、微观经济学等基本原理之外，这套译丛还包括了产业组织理论、国际经济学、发展经济学、货币金融学、财政学、劳动经济学、计量经济学等重要领域。第二，简明通俗。与经济学的经典名著不同，这套丛书都是国外大学通用的经济学教科书，大部分都已发行了几版或十几版。作者尽可能地用简明通俗的语言来阐述深奥的经济学原理，并附有案例与习题，对于初学者来说，更容易理解与掌握。

经济学是一门社会科学，许多基本原理的应用受各种不同的社会、政治或经济体制的影响，许多经济学理论是建立在一定的假设条件上的，假设条件不同，结论也就不一定成立。因此，正确理解掌握经济分析的方法而不是生搬硬套某些不同条件下产生的结论，才是我们学习当代经济学的正确方法。

本套译丛于 1995 年春由中国人民大学出版社发起筹备并成立了由许多经济学专家学者组织的编辑委员会。中国留美经济学会的许多学者参与了原著的推荐工作。中国人民大学出版社向所有原著的出版社购买了翻译版权。北京大学、中国人民大学、复旦大学以及中国社会科学院的许多专家教授参与了翻译工作。前任策划编辑梁晶女士为本套译丛的出版做出了重要贡献，在此表示衷心的感谢。在中国经济体制转轨的历史时期，我们把这套译丛献给读者，希望为中国经济的深入改革与发展做出贡献。

《经济科学译丛》编辑委员会

译者序言

　　这是一本介绍空间数据分析方法的初级读物，它对普及读者的空间计量分析知识具有重要的指导作用。

　　空间计量经济学分析源于对地理区位作用的可视化分析或量化研究，更深化于对空间互动效应或空间溢出效应的识别、测度与建模技术的不断探索。已有的空间计量分析专著重在研究空间数据的建模及其估计方法，对空间交互数据建模技术的探讨仍不全面和深入。本书的重要贡献主要有：一是作者从地理信息分析系统的视角介绍了空间数据的可视化、空间自相关的测度方法以及区域数据的建模方法；二是作者重点研究了空间交互数据的建模与估计方法，主要是空间交互数据模型的不同类别及其估计策略，特别是对泊松空间交互模型的一般化以及独立空间交互模型相关问题的研究。因此，对读者深入地学习和领悟空间交互数据的建模方法和估计策略具有重要的指导意义和画龙点睛的作用。

　　本书是我带领研究生团队翻译和编写的系列空间计量分析著作或

教材的第六本。本书初译由吕博才完成，后由张璐进行全面翻译，最后由肖光恩进行通译和总校译。本书的出版得到了"武汉大学马克思主义团队建设项目"资金和"武汉大学首批来华留学英语授课品牌课程《国际商务》项目"资金的资助。本书的出版也得到了中国人民大学出版社王晗霞编辑的全力支持，在此深表感谢。

由于水平有限，错误与疏漏之处在所难免。敬请读者批评指正，以便再版时修正。欢迎把修改意见发送至邮箱 xiaoguangen@whu. edu. cn。

肖光恩

于武汉大学经济与管理学院

2018 年 8 月

空间数据分析：模型、方法与技术

前　言

空间和区位一直在地理和区域科学中处于中心地位。但近年来在主流社会科学中，对空间维度的关注持续增加，同时在自然科学（例如生态学）中这种关注也在增加。在实证研究中，越来越多的社会科学家已经运用了新的方法和技术（例如地理信息系统、全球定位系统、遥感、空间统计学和空间计量经济学）。此外，在理论研究中，人们也更加关注区位和空间交互作用。

广义上讲，空间分析就是对位于地理空间中的空间现象的定量分析（Bailey and Gatrell，1995）。这一研究领域过于广泛，因此想要在一本书中完全涵盖相关内容的愿望是不能实现的［见 Fischer 和 Getis（2010）对此领域多样性的论述］。因此，我们决定将主要研究范围限定于空间分析的一个重要子集——空间数据分析。这样做的理由是：我们主要关注地理空间分析过程中出现的数据，同时考虑运用一些模型、方法以及技术来描述和解释这一分析过程中出现的行为，以及这些行为与其他空间现象之间的关系。通过这种方式来定义空间数据分析，我们将本书的内容限定在空间数据的统计描述与建模中，重点是一系列特定的方法。因此，本书不考虑一些重要的定量分析方法，例如，网络分析法和区位配置分析法，尽管这两种分析法通常是空间分析的重要内容。

无论空间数据分析是否为一个独立的学术领域，事实上，在过去的 20 年中，出于对空间数据的研究兴趣以及理解空间数据的需要，空间数据分析显得越发重要。空间数据指的是将观测对象与空间参照物联系起来的数据。空间参照物可能是具体的，如邮寄地址或网格参照物；也可能是不具体的，如遥感图像中的像素。

在过去的几十年中，在这个主题上产生了许多优秀的文章（Cliff and Ord, 1981; Upton and Fingleton, 1985; Anselin, 1988b; Griffith, 1988; Ripley, 1988; Cressie, 1993; Haining, 1990, 2003; Bailey and Gatrell, 1995; LeSage and Pace, 2009）。这些大多数是写给研究人员的，而本书主要是从"数据驱动"而非"理论驱导"的角度向研究生介绍空间数据分析。根据这个总体目标，我们并没有试图详尽地阐述整个空间数据分析，而是将讨论的范围限制于对两类主要空间数据的分析：一类是区域数据，即与一组固定的区域或涵盖研究范围的区域相关联的数据；另一类是空间交互数据（或从起源地到目的地的流动数据，亦翻译为"起点—终点流数据"，本书此后不再做区分），即对地理空间中代表点或区域的每一对成对数据或连接数据的测量。

本书仅讨论空间分析模型、方法和技术的一部分内容，它们对分析空间数据是非常有用的，且容易掌握。本书讨论的主题包括：一是非正式或探索性的方法和技术，二是正式的统计建模、参数估计和假设检验。

本书分为两部分，每一部分都尽可能独立。第一部分主要考虑区域数据的分析，这些区域可以是规则方格，如遥感图像，或者是一组不规则形状的区域，如行政区划。第二部分重点分析空间交互数据，这些数据与成对的点或区域相关，被称为从起源地到目的地的流动数据或空间交互数据，这些数据与运输规划、人口迁移、通勤、购物行为、物流以及信息和知识的传播等方面的研究息息相关。

我们不考虑时空数据，但我们假设数据是纯空间性的，要么随着时间的推移而聚合，要么参考时间上的固定点。空间数据的测量、存储和检索都很重要，但不在本书的研究范围之内。GIS 提供的软件工具可以将空间数据和非空间数据、定性数据和定量数据整合到可在一个系统环境下管理的数据库中（Longley et al.，2001）。我们假设读者对统计学和数学的背景知识有所了解，以便将本书限定在一个可控的篇幅之内。

我们感谢维也纳经济大学的经济地理与地理信息科学研究所的慷慨支持。还要感谢 Thomas Seyffertitz（经济地理与地理信息科学研究所）提供的技术援助，他在文字处理系统、格式、索引方面的技术非常专业，对本书的细节也很关注。最后，我们要感谢本系列书的编辑 Henk Folmer 博士，他对本书手稿提出了宝贵的意见。

曼弗雷德·M. 费希尔
于维也纳
王劲峰
于北京
2011 年 5 月

目 录

空间数据分析：模型、方法与技术

第一章

引 言

摘要： 在本章中，我们介绍空间数据分析，并且将空间数据分析与其他形式的数据分析区分开来。空间数据，我们定义为包含位置和属性信息的数据。我们专注于研究两种类型的空间数据：区域数据和从起源地到目的地的流动数据。区域数据与一种情形有关，即在这种情形中所研究的变量——至少就本书而言——是不连续变化的，但是仅仅在一组固定的区域内或覆盖研究领域的区域中有观测值。这些固定的点可以由规则方格构成（例如遥感图中的像素），或者由不规则区域单元构成（例如人口普查区）。从起源地到目的地的流动数据（也称为空间交互数据，也称为"起点—终点数据"，本书不再做区分）与地理空间中的成对点或成对区域相关。这些数据代表人口、商品、资本、信息或知识从一组起点流动到一组终点，也与运输规划、人口迁移、通勤、购物行为、物流、信息和知识的传播等方面的研究息息相关。我们考虑数据中的空间自相关问题，传统的统计分析不可靠，于是要求我们使用空间分析工具。这个问题是指观测值在空间上是非独立的。我们最后总结一下空间分析研究人员经常面临的一些实际问题。

关键词： 空间数据；空间数据的类型；空间数据矩阵；区域数据；从起源地到目的地的流动数据；空间自相关；空间数据的严格性

1.1 数据和空间数据分析

与信息不同，数据是由数字或者在某种意义上中性的符号构成的，与上下文无关。原始的地理事实，如某一特定时间和地点的温度，就是一些数据的例子。根据 Longley et al.（2001，p.64），我们可以认为空间数据由原子元素和有关地理世界的事实构成。简单来说，通常将空间数据的一个原子元素（严格来说，数据）和地理位置（地点）相关联，这些元素通常是时间和一些描述性属性或实体属性的数据。例如，"2010 年 12 月 24 日下午 2 时，北纬 48°15′、东经 16°21′28s 的气温为 6.7℃"。它将位置和时间与大气温度的属性相关联。因此，我们可以说空间（地理）数据将地点（位置）、时间和属性（这里是温度）相关联。

属性有多种形式。有些是物理或环境性质的，而其他则是社会或经济属性。一些属性可以简单地标识一个位置，例如用于记录土地所有权的邮政地址或包裹标识符。其他一些属性是在某个地点的某种测量（例如大气温度和收入），而另外一些属性则用于分类，例如土地利用类别分为农业用地、住宅用地和工业用地。

虽然时间在空间数据分析中是非强制性的，但地理位置是必不可少的，并且地理位置将空间数据分析与其他形式的被认为是无空间或非空间的数据分析区分开来。即使观测单位本身的定义是空间的，假如我们忽略样本位置间的空间关系，单独处理这些属性，我们也不能称这是空间数据分析。即使属性数据是至关重要的，若脱离了它们的空间背景，也会失去价值和意义（Bailey and Gatrell，1995，p.20）。无论这些属性是如何测量的，为了进行空间数据分析，我们至少同时需要位置和属性这两个信息。

空间数据分析需要一个基础的空间研究框架，以此定位正在研究的空间现象。Longley et al.（2001）和其他学者对度量地理的两种基本方式进行了区分：对空间现象是离散或是连续的两种看法。换句话说，区别就在于，前者认为空间充满着"离散对象"，后者则认为空间实质上被"连续曲面"覆盖。前者被认为是对象或实体空间观，后者则被认为是场空间观。

对象空间观认为，被分析的空间现象的种类由它们的维度来识别，占据区域的对象是二维的，通常被称为区域；某些物体更像一维线，包括河流、铁路或道路，并被表示为一维物体，一般被称为线条；其他物体更像是一些零维度的点，如植物、人类、建筑物、地震的震中，等等（Longley et al.，2001，pp. 67 - 68；Haining，2003，pp. 44 - 46）。注意，本书不考虑面对象或体对象，即具有长度、宽度和深度三维的物体，它们用于表示自然对象（如流域）或人工现象（如购物中心的人口潜力）。

当然，这样做是否恰当取决于研究的空间尺度（即寻求测量"现实"细节的水平）。如果我们正在全国范围内考察城市居民点的分布，将它们视为点的分布是合理的，但在较小区域的尺度下，它就变得不太敏感了，正如上面提到的把道路看作线的现象。但尺度相关性仍然存在。在较大的比例尺的城市地图上的道路很宽，举例来说，如果你要关注汽车导航问题，这一点就显得尤其重要。线也标记了区域的边界。通过区域我们能更广泛地理解那些在行政上或法律上被定义的实体（例如国家、地区、人口普查区域等），以及"自然区域"（例如地图上的土壤或植被区）。

场空间观认为，重点是空间现象的连续性，地理世界是由有限数量的变量描述的，每个变量都可以在地球表面的任何点测量，并且在表面上数值有所变化（Haining，2003，pp. 44 - 45）。如果我们想到自然环境中的现象，例如温度、土壤特征等，那么这些变量可以在地球表面的任何地方观察到（Longley et al.，2001，pp. 68 - 71）。当然，在实践中这些变量（例如温度）是离散的，在众多位置进行取样并表示为线的集合（所谓的等温线）。土壤特征也可以在一组离散位置进行采样并表示为连续变化的区域。在所有这些情况下，就是试图用离散抽样来表示潜在的连续性（Bailey and Gatrell，1995，p. 19）。

1.2 空间数据类型

在描述空间数据的性质时，区分测量变量所处空间的离散性或连续性以及变量（测量值）本身的离散性或连续性是重要的。如果空间是连续的（场空间观），变量值必须是连续的值，因为连续场不能被保存在离散值的变量中。如果空间是离散的（对象空间观），或者一个连续空间被离散化，则既可以是连续值又可以是离散值（名义值或序数值）（Haining，2003，p. 57）。

根据两种类型的空间观和测量水平对空间数据进行分类来确定合适的统计方法是用于回答研究问题的必不可少的首要步骤。但仅有分类是不够的，因为相同的空间对象可能代表完全不同的地理空间。例如，点（所谓的质心）也用于表示区域。表 1.1 提供了一个四种空间数据类型的分类。

（i）点式数据：由一些研究区域中的一系列点位置组成的数据集，在这些位置上发生了感兴趣的事件（一般意义上的），例如疾病或某类犯罪的发生。

（ii）场数据（也称为空间连续数据、地理统计数据）：与概念上的连续变量（场空间观）相关，并且观测值是在一组预先确定且固定的位点上抽样得来的。

（iii）区域数据：其观测值与区域单位（区域对象）的固定数量相关，这些区域单位可能形成一个规则的格点图（如遥感图像）或一组不规则的区域或地区（例如县、区、人口普查区域甚至是国家）。

（iv）空间交互数据（也称为起点—终点流动数据或连接数据）：一对点位置或一对区域的测量数据。

表 1.1   不同类型的空间数据：概念方案和示例

空间数据类型	概念方案		举例	
	变量方案	空间指数	变量	空间
点式数据	变量（离散或连续）是随机变量	点对象及其变量是固定的	树：患病与否；山丘堡垒：根据类型定义	二维离散空间 二维离散空间
空间连续（地理统计）数据	变量是位置的连续值的函数	变量定义在（二维）空间中的任何地方	温度 大气污染	二维连续空间 二维连续空间
区域（对象）数据	变量（离散或连续）是随机变量	区域对象及其变量是固定的	跨区域生产 犯罪率	二维离散空间 二维离散空间
空间交互（流动）数据	代表平均交互频率的变量是一个随机变量	区域对（点或区域）及其度量	国际贸易 人口迁移	二维离散空间 二维离散空间

在本书中，我们既不考虑点式数据也不考虑场（地理统计）数据。分析重点是对象数据（其观察结果与区域单位相关，见第一部分）和起源地到目的地流动（空间交互）数据（见第二部分）。空间交互数据的分析在人类活动的研究中具有悠久的历史，如交通运输、人口迁移以及信息和知识的传播。区域数据为空间数据分析的应用，特别是在社会科学领域的应用提供了重要视角。

1.3　空间数据矩阵

本书中所有分析方法都使用数据矩阵，它能够得出空间数据所需要的分析。空间数据根据变量所属空间对象的类型（点对象、区域对象）以及变量的测量水平来分类。

令 Z_1，Z_2，…，Z_K 为 K 个随机变量，S 指点或区域的位置，则空间数据矩阵（Haining，2003，pp.54-57）可以表示为

$$
\begin{array}{cc}
K \text{ 维变量的数据} & \text{位置} \\
\end{array}
$$

$$
\begin{array}{ccccc}
Z_1 & Z_2 & \cdots & Z_K & S \\
\end{array}
$$

$$
\begin{bmatrix}
z_1(1) & z_2(1) & \cdots & z_k(1) & s(1) \\
z_1(2) & z_2(2) & \cdots & z_k(2) & s(2) \\
\vdots & \vdots & & \vdots & \vdots \\
z_1(n) & z_2(n) & \cdots & z_k(n) & s(n)
\end{bmatrix}
\begin{array}{l}
\text{个案 1} \\
\text{个案 2} \\
\vdots \\
\text{个案 } n
\end{array}
$$

或更简洁地表示为

$$
\{z_1(i),\ z_2(i),\ \cdots,\ z_K(i)\ |\ s(i)\}_{i=1,\cdots,n} \tag{1.1}
$$

其中，矩阵中小写的符号 z_k 表示变量 Z_K（$k=1,\cdots,K$）的实现（实际数据值），括号内符号 i 代表具体个案。每个个案，即 $i=1,\cdots,n$ 与区位 $s(i)$ 相关联，代表空间对象（点或区域）的位置。由于我们只关心二维空间，所以将引入两个地理坐标 s_1 和 s_2。因此，$s(i)=(s_1(i),s_2(i))'$，其中 $(s_1(i),s_2(i))'$ 是 $(s_1(i),s_2(i))$ 的转置向量。注意，在本书中，通常考虑把位置视为固定的模型，而不考虑与个案位置随机相关的模型。

在数据涉及二维空间中的点对象的情况下，第 i 个点的位置可以由一对（正交）笛卡儿坐标给出，如图 1.1a 所示。坐标系的轴通常是针对特定的数据集构建的，但是可以使用国家或全球参考系。在涉及不规则形状的区域对象的数据的情况下，一个做法是选择有代表性的点（如质心），对于 $i=1,\cdots,n$ 的个案，使用与点对象相同的过程来确定 $s(i)=(s_1(i),s_2(i))'$。另外，每一个区域 i 都被标记并且提供了一个查找表，这样数据矩阵的每行可以匹配地图上的区域（见图 1.1b）。如果区域是如同遥感图像那样规则的形状，那么它们可以进行如图 1.1c 所示的标记。

在某些情况下，表达式（1.1）中由 $\{s(i)\}$ 提供的地理参考信息必须用邻域信息进行补充，该邻域信息不仅定义了哪些区域彼此相邻，而且可以量化该邻近关系。这一信息在构建许多空间统计模型方程（如空间自回归模型）时是必需的。

值得注意的是，在本书存在的各种情况下，变量 $Z_1,\cdots,Z_K$ 将分为不同的

(a) 将位置分配给一个点对象

个案 i	$s(i)$		变量			
	s_1	s_2	Z_1	Z_2	...	Z_K
1	$s_1(1)$	$s_2(1)$	$z_1(1)$	$z_2(1)$	...	$z_K(1)$
2	$s_1(2)$	$s_2(2)$	$z_1(2)$	$z_2(2)$	...	$z_K(2)$
⋮	⋮	⋮	⋮	⋮		⋮
n	$s_1(n)$	$s_2(n)$	$z_1(n)$	$z_2(n)$	...	$z_K(n)$

(b) 将位置分配给不规则形状的区域对象

个案 i	$s(i)$	变量			
		Z_1	Z_2	...	Z_K
1	1	$z_1(1)$	$z_2(1)$	...	$z_K(1)$
2	2	$z_1(2)$	$z_2(2)$	...	$z_K(2)$
⋮	⋮	⋮	⋮		⋮
n	n	$z_1(n)$	$z_2(n)$	...	$z_K(n)$

$1, 2, \ldots, n$
查表

x 为质心

(c) 将位置分配给规则形状的区域对象

个案 i	$s(i)$		变量			
	p	q	Z_1	Z_2	...	Z_K
1	$s_1(1)$	$s_2(1)$	$z_1(1)$	$z_2(1)$	...	$z_K(1)$
2	$s_1(2)$	$s_2(2)$	$z_1(2)$	$z_2(2)$	...	$z_K(2)$
⋮	⋮	⋮	⋮	⋮		⋮
n	$s_1(n)$	$s_2(n)$	$z_1(n)$	$z_2(n)$	...	$z_K(n)$

图 1.1 将位置分配给空间对象（点，区域）
[根据 Haining（2003，p.55）改编]

组，并进行不同的标记。在数据建模的情况下，要被建模的变量用 Y 表示，用于解释因变量的变量被称为解释变量或自变量，记作 X_1，$\cdots$，X_Q。

空间交互数据是位置（点，区域）间的流动数据，或是网络中节点（交点）间的流动数据。在这种情况下，本书中所考虑的是一系列观测值 $y_{ij}(i, j = 1,$ $\cdots, n$）中的一个，每一个随机变量 Y_{ij} 都是对区位 i 和 j 之间有关人、商品、资本、信息、知识等的流动的反映。这些区位可能是点区位或者地区区位。这些数据都可以以一个从起源地到目的地的流动数据矩阵或空间交互矩阵的形式表示

目的地区位

$$\text{起源地区位} \begin{bmatrix} y_{11} & y_{12} & \cdots & y_{1n} \\ y_{21} & y_{22} & \cdots & y_{2n} \\ \vdots & \vdots & & \vdots \\ y_{n'1} & y_{n'2} & \cdots & y_{n'n} \end{bmatrix} \qquad (1.2)$$

矩阵中，行和列的数量分别对应起源地和目的地位置的数量，并且行 i 和列 j 的元素 y_{ij} 记录从起源地 i 到目的地 j 的观察到的总流量。有一种特殊情况是每个位置既是起点又是终点，则 $n=n'$。起源地位置和目的地位置的地理化遵循的程序与上述对象数据个案处理的程序相同。

1.4 空间自相关

空间数据分析的基本原则是，邻近位置的变量值要比更远位置的变量值更相似或更相关。这种关联性和距离之间的反向关系可以总结为"地理学第一定律"，即"任何事物都相关，只不过相近的事物关联更紧密"（Tobler，1970，p.234）。

如果邻近的观测值（即在区位上相似）在变量值上也是相似的，则在整体上这种方式可以说成正的空间自相关（也称自我相关）。相反，当邻近的观测值与更远的观测值在变量值上是更加不相似的时，称之为负的空间自相关（与地理学第一定律相反）。当变量值与位置无关时，会发生零自相关。重要的是要注意，空间自相关使常规统计分析无效，使得空间数据分析与其他形式的数据分

析不同。

定义空间自相关的一个重要方面就是如何确定邻近位置，即围绕给定数据点的那些位置，这些邻近位置可以被认为影响该数据点的观测值。遗憾的是，这种邻近位置的测定仍然不能摆脱一定程度上的任意性。

正式地，通过设置 $n \times n$ 维空间相邻矩阵或者权重矩阵 W 来表示每个位置附近的观测值，

$$W = \begin{bmatrix} W_{11} & W_{12} & \cdots & W_{1n} \\ W_{21} & W_{22} & \cdots & W_{2n} \\ \vdots & \vdots & & \vdots \\ W_{n1} & W_{n2} & \cdots & W_{nn} \end{bmatrix} \quad (1.3)$$

其中 n 代表位置（观测值）的数量。行 $i(i=1，\cdots，n)$ 和列 $j(j=1，\cdots，n)$ 的交叉位置的元素为 W_{ij}，对应位置对 $(i，j)$。按照惯例，矩阵对角线元素设置为零，当位置 i 和位置 j 相邻时，非对角线元素 $W_{ij}(i \neq j)$ 取非零值（即为 "i"，是一个二值矩阵），若不相邻，则为零。

对于区域对象，如图 1.2a 所示的简单的九域系统图，（一阶）空间相邻（或毗邻）指共享共同边界的邻近位置。在这个基础上，图 1.2a 可以重新表示为图 1.2b。如果区域 i 和 j 是相邻的，则 $W_{ij}=1$，否则 $W_{ij}=0$，我们可以得到如表 1.2 所示的空间权重矩阵。这个矩阵提供了一个最简单的确定空间权重矩阵 W 的方法。

在规则正方形网格布局的典型案例中，相邻有以下三种分类："车"相邻（仅公共边界）、"象"相邻（仅公共顶点）和"后"相邻（边界和顶点）。根据所选择的标准，一个地区平均将有四个（"车"，"象"）相邻或八个（"后"）相邻。这意味着存在完全不同的邻近结构。即使在不规则形状的区域单元的情况下，也必须做出一个决定，即仅共享共同顶点的区域是否应被视为相邻（"后"相邻）或不相邻（"车"相邻）。

相邻可以并且经常被定义为位置（区域，点）之间关于距离的函数。在这

个意义上，如果两个对象之间的距离落在选定的范围内，则认为两个对象是相邻的。实质上，空间权重矩阵总结了图论理论中的数据集的拓扑结构（节点和链接）。

较高阶相邻通常用递归方式定义，在某种意义上，如果给定对象（点、区域）与其一个一阶相邻对象的更低一阶对象相邻，则被认为是高阶相邻。例如，当与一个一阶相邻对象的一阶相邻对象相邻时，该对象被认为是二阶相邻的。例如，在图 1.2a 中，区域 1 和区域 2 与区域 3 一阶相邻，并且区域 3 与区域 6 一阶相邻。因此，区域 1 和 2 与区域 6 二阶相邻。因此，在增加的情况下，更高阶的相邻会围绕给定位置产生一系列包含在其邻域集内的观测值。

显然，许多空间权重矩阵可以从一系列给定布局中推导得出，例如图 1.2a 所示的空间权重矩阵，特别地，空间权重矩阵不必是二值的，而是可以采用反映空间单元 i 和 j 之间的相互作用的任何值，例如，基于反向距离或反向距离的更高次的幂。

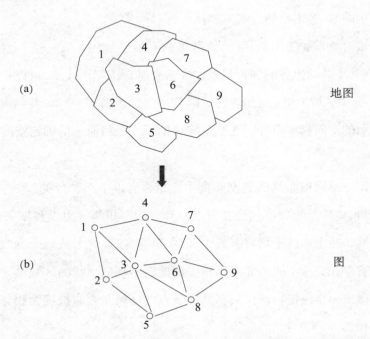

图 1.2　一个分区系统：（a）是离散区域的一个简单的马赛克图；（b）是用图的形式重新表示

通过表 1.2 所示的矩阵类型，我们可以度量空间自相关。许多空间自相关的检验和指标是可用的。其中之一是 Moran 空间自相关统计量（Cliff and Ord，1973，1981）。局部 Getis 和 Ord 统计量（Getis and Ord，1992；Ord and Getis，1995）以及 Anselin 的 LISA 统计量（Anselin，1995）能够计算特定地点的空间自相关性，我们将在下一章中讨论。

表 1.2　　　　从图 1.2 得到的空间权重矩阵：二值一阶相邻矩阵的例子

	1	2	3	4	5	6	7	8	9
1	0	1	1	1	0	0	0	0	0
2	1	0	1	0	1	0	0	0	0
3	1	1	0	1	1	1	0	1	0
4	1	0	1	0	0	1	1	0	0
5	0	1	1	0	0	0	0	1	0
6	0	0	1	1	0	0	1	1	1
7	0	0	0	1	0	1	0	0	1
8	0	0	1	0	1	1	0	0	1
9	0	0	0	0	0	1	1	1	0

1.5　空间数据的严格性

空间数据分析非常依赖于数据质量。良好的数据是可靠的，包含很少的错误或没有错误，并且可以放心使用。遗憾的是，几乎所有的空间数据在一定程度上都是有缺陷的。测量空间物体的位置（点、线、面）和属性特征时可能会出现错误。例如，在测量位置的情况下，每个坐标都有可能出现错误。在二维情况下，测量得到的位置的两个坐标都可能会发生错误。

属性错误可能是在收集、存储、操作、编辑或检索过程中产生的。它们也可能来自与测量过程和定义问题相关的内在不确定性，包括测量所指的点或区域位置（Haining，2003，pp. 59 - 63；Wang et al.，2010）。为了解决数据质量问题，需要采取必要的步骤来避免错误的数据带来错误的研究结果。

空间聚集的特殊形式（即大小、形状和配置）可以在不同程度上（通常是未知的）影响各种类型分析的结果（Openshaw and Taylor，1979；Baumann et al.，1983）。这个问题已经是公认的"可更改的区域单位问题"（MAUP），这个术语源于这样一个事实：区域单位通常不是自然结构而是任意结构。

保密限制通常规定数据（例如，人口普查数据）不会被发布给基层的观察单位（个人、家庭或公司），而是被发布给一组相当任意的区域聚合（计数区或普查区）。当区域数据被分析或建模时就出现问题，并且涉及两个效应：一个源于选择不同的区域边界，同时保持总体尺寸和区域单位数量不变（分区效应）；另一个源于减少数量，但增加区域单位的大小（规模效应）。同时并不存在分析解决MAUP的方法（Openshaw，1981），但是"可更改的区域单位问题"可以通过对大量区域单位替代系统进行模拟来解决（Longley et al.，2001，p. 139）。这种系统显然可以呈现很多不同的形式，这些都与空间分辨率的级别相关，并且与区域的形状相关。

数据适用性成为近来受到较多关注的一个问题。在发表的作品中不难发现研究人员使用空间尺度的可得数据可以得出更精细尺度下的关系或过程的结论。众所周知，这种生态谬误使我们对技术的力量和结论的有用性产生错误的认知（Getis，1995）。长期以来，生态谬误和"可更改的区域单位问题"都被视为空间数据分析应用中存在的问题，同时，基于空间自相关的概念，它们被视为相关问题。

第一部分

区域数据的分析

在本书的第一部分，我们考虑区域数据的分析。区域数据是指与固定数量的面积单位（区域）相关联的观测值。这些区域可能形成规则的网格，与遥感图像类似，或者是一组不规则的区域，例如国家、地区和普查区。

我们区分两种方法：一种主要是对自然的探索性分析，它涉及制图、地理可视化、描述性统计和分析模式；另一种依赖统计模型和模型参数估计。这个区别是有用的，但不是明确的，特别是两者在数据可视化和所感兴趣的研究方面存在相互作用，从而导致了一些模型的建立。

第二章将专注于区域数据的探索性分析，尤其是数据空间方面的方法和技术，即探索性空间数据分析（ESDA）（Haining，2003；Bivand，2010）。重点在于单变量分析技术，它能得到一个变量的空间模式的信息，同时可以识别异常观测值（异常值）。

探索性空间数据分析仅仅是迈向正式空间建模的一个最简单的步骤，即探寻记录在区域上的一个变量与另一个变量之间的关系。第三章简要介绍了一个简单的横截面数据空间回归分析设置的核心方法。

关键词：区域数据；空间权重矩阵；Moran I 统计量；Geary c 统计量；G 统计量；LISA 统计量；空间回归模型；空间德宾模型；空间相关性检验；最大似然估计；模型参数解释

第二章

区域数据的探索性分析

摘要：在本章中，我们首先考察区域数据的可视化，然后研究一些探索性技术，重点是空间依赖（空间关联）。换句话说，我们所考虑的技术是为了描述空间分布，发现空间聚类的模式，以及识别非典型观测值（异常值）。本章讨论的空间自相关的技术和检验方法可以在各种软件包中获得。最全面的是 GeoDa，这是一个免费软件（可从 http://www.geoda.uiuc.edu 下载）。该软件提供了许多探索性空间数据分析（ESDA）程序，使用户能够在给定的数据中获得关于空间模式的信息。绘图和测绘程序允许详细分析全局和局部空间自相关结果。另一个有价值的开放软件是 R 软件中的 spdep 程序包（可从 http://cran.r-project.org 下载）。该程序包包含用于从多边形相邻中创建空间权重矩阵的一组有用的功能以及对全局和空间自相关的各种检验（Bivand et al.，2008）。

关键词：区域数据；空间权重矩阵；空间权重矩阵基于邻近性的方程；空间权重矩阵基于距离的方程；最近的 k 个近邻；空间自相关的全局检验；Moran I 统计量；Geary c 统计量；空间自相关的局部检验；G 统计量；LISA 统计量

2.1 制图与地理可视化

在探索性空间数据分析中，地图具有重要作用。地图是展示区域数据的最成熟和常规的手段。有不同的方法把连续变量数据与预先设定的区域单位结合起来。但实际上，这些方式都是有问题的。也许最常用的显示形式是标准等值区域图（Longley et al.，2001，pp. 251 - 252；Bailey and Gatrell，1995，pp. 255 - 260；Demšar，2009，pp. 48 - 55）。在地图中，根据区域感兴趣的变量（属性变量）的值的离散水平用颜色或阴影来表示每个区域。类（组）的数量和类（组）的区间可以根据不同标准进行选择。

没有硬性规定组的数量。显然，这是一个关于我们的观测值数量多少的函数。例如，如果我们只有 20 或 30 个区域的样本，那么使用七八个组就不太合理。但是，如果有几百个观测结果，那么分为七八个组可能就是合理的。作为一般的经验法则，一些统计学家建议组数为（$1+3.3 \ln n$），其中 n 是区域数量，"ln" 代表自然对数（Bailey and Gatrell，1995，p. 153）。

对于组距的选择，可以使用四种基本分类方案将定距和定比区域数据划分为不同的组（Longley et al.，2001，p. 259）：

（ⅰ）自然分组，即根据数据值的自然组别分组。这些区分可以通过在一个特定应用背景下的断点来实现，如平均收入水平的分数和倍数，或降水阈值（"干旱""半干旱""温带"等）。这是一种演绎式区分方法，然而这种数据值的归纳分类可以通过使用 GISystem 软件工具来寻找数据值中更大的区间来实现，如图 2.1a 所示。

（ⅱ）分位数分组，其中每一个预先确定数量的组（类别）中包含相等数目的观测值（见图 2.1b）。实践中，常用四分位数（四类）和五分位数（五类）

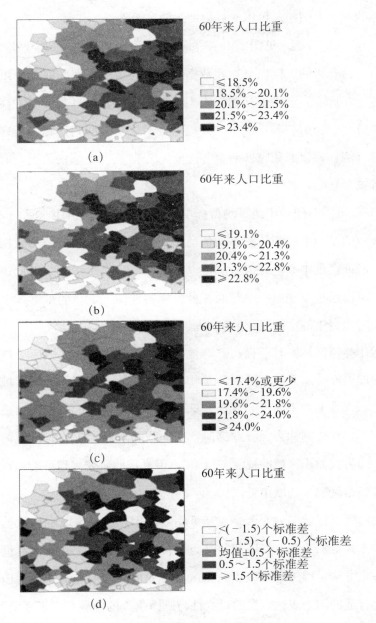

60年来人口比重

☐ ≤18.5%
▧ 18.5%～20.1%
▨ 20.1%～21.5%
▩ 21.5%～23.4%
■ ≥23.4%

(a)

60年来人口比重

☐ ≤19.1%
▧ 19.1%～20.4%
▨ 20.4%～21.3%
▩ 21.3%～22.8%
■ ≥22.8%

(b)

60年来人口比重

☐ ≤17.4%或更少
▧ 17.4%～19.6%
▨ 19.6%～21.8%
▩ 21.8%～24.0%
■ ≥24.0%

(c)

60年来人口比重

☐ <(-1.5)个标准差
▧ (-1.5)～(-0.5)个标准差
▨ 均值±0.5个标准差
▩ 0.5～1.5个标准差
■ ≥1.5个标准差

(d)

图 2.1　类别定义运用

(a) 自然分组，(b) 分位数分组，(c) 等间隔分组，(d) 标准差分组

来分组。每组数字的大小都是严格规定的。要注意到的是，组边界的确定可能将几乎相同的观测值分配到相邻组中，或者同一组中存在相差较大的观测值。

由此产生的视觉上的扭曲可以通过增加组的数量来最小化。

（ⅲ）等间隔分组（见图 2.1c）。如果观测值在其范围内是合理均匀分布的，则这种分组是有用的。但如果这些数据是显著有偏的，那么在几个组中就会有大量观测值。这不一定是个问题，因为在地图上很容易区分出异常高（低）的值。这种分组方法的扩展是使用"截尾均等"组距的原则，其中频率分布的顶部和底部（例如，顶部和底部的百分之十）分别被视为单独的组，而且剩余的观测值都被平均分入各组。

（ⅳ）标准差分组，围绕平均值标准差的个数来确定组距（见图 2.1d）。这类分组显示的是一个观测值离平均值的距离。先计算平均值，然后在其上方和下方的标准差度量中产生分组。

我们可以通过改变组距来获取各种各样的地图。重要的是尝试上述各种可能来获得对数据中的空间变化的初步感觉。

在运用等值区域图时还存在着其他问题。第一，等值区域图会产生视觉上的暗示，即可能暗示区域内变量值是相同的。此外，传统的等值区域图中任一大区域会从视觉上"主导"一张图，这可能对于被绘图的数据类型是非常不合适的。例如，在绘制社会经济数据时，大面积和人烟稀少的农村地区可能主导着地图，因为大面积区域的视觉"侵略"。但真正的研究兴趣可能是在较小的地区，如人口密度较大的城市地区。

传统的等值区域图的变形是点密度图，使用点表示区域平均数据的相对密度，这种方式更加美观，但不能描绘点事件的精确位置。比例圆提供了解决该问题的一个方法，因为圆可以以一个区域单元内的任何点为中心。但是，如何使用大小合适的圆来表达数据的可变性与圆圈重叠的问题存在着矛盾（Longley et al.，2001，p. 259）。

第二，目标变量来自个体数据聚类到区域。必须考虑到，对于这些区域的划分可能是基于行政便利性以及易于列举。因此，区域上的空间模式会随着区域边界的选择而变化，因为它是变量值的潜在空间分布。这被称为可更改的区域单位问题。在社会经济和人口统计数据的分析中这个问题特别重要（见 1.5节）。解决可更改的区域单位问题是困难的。理想的解决方案是尽可能避免使用区域聚合数据。在空间数据分析（如流行病学和犯罪）的某些应用中，可以对点数据进行有价值的分析，而不用将数据聚合到一组内在的任意区域单位。但是，在许多情况下，这种做法是不可行的，因为数据可得性问题必须用到面积单元。

第三，重要的是，对区域相邻的设定将影响模式和关系分析的统计结果。一般情况下，数据应根据最小区域单位进行分析，除非有充分的理由，否则应避免聚合到较大的区域。如果可能，对于相同数据，设定不同的区域相邻来检验从数据中得出的各种结论。

解决较大区域主导问题的一种方法是几何地转换各个区域单元，以使其面积与相应的变量值成比例，同时保持区域单位的空间连续性。所得到的地图通常被称为统计地图（Bailey and Gatrell, 1995, p.258）。统计地图缺乏平面正确性，并且为了某些具体目标而扭曲区域或距离。通常的目的是揭示传统地图中可能不会显而易见的模式。因此，空间对象的完整性（区域），以及区域范围、位置、近邻、几何和拓扑都被作为辅助工具来强调变量值或空间关系的特定方面。图 2.2 给出了一个统计地图的例子。图 2.2 表示，2005 年某个国家的规模和全球国内生产总值（GDP）的比例，以不变价美元计算。该地图显示，全球 GDP 集中在北美、西欧和东北亚的几个地区。这种全球集中大大影响了当今世界落后地区的发展前景，尤其是非洲，它在这个统计图中显示为一个细长的半岛。

绘图和地理可视化是引出问题的重要一步，但探索性数据分析需要高度交互式的动态数据显示。空间数据分析软件的最新发展提供了一个交互式环境，运用动态链接窗口技术，将地图与统计图表相结合。具有这种功能的最全面的软件是 GeoDa。GeoDa 包含了从传统绘图到探索性数据分析工具的功能以及全局和局部自相关的可视化。该软件坚持以 ESRI（美国环境系统研究所）文件作为存储空间信息的标准，并使用 ESRI 的 Map-Objects LT2 技术进行空间数据访问、绘图和查询。

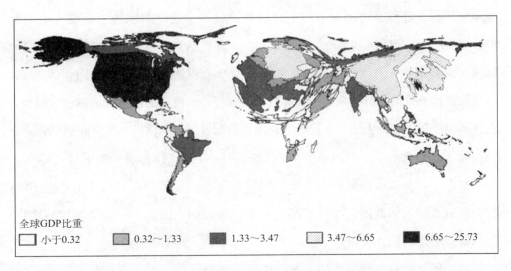

全球GDP比重

| □ 小于0.32 | ⬜ 0.32~1.33 | ⬛ 1.33~3.47 | ▨ 3.47~6.65 | ⬛ 6.65~25.73 |

图 2.2　统计地图显示全球 GDP 集中在世界少数区域

一个国家的规模反映其在全球 GDP 中的占比。资料来源：GISCO-Eurostat（European Commission）；版权：EuroGeographics for the European administrative boundaries；版权：UN-FAO for the world administrative boundaries（except EuroGeographics members）。

所有图形窗口均基于微软基础分类标准，因此仅限于微软平台使用。相比之下，计算引擎（包括统计操作）是纯C++代码而且大都是跨平台的。图形界面主体提供了 5 个基本的窗口类别：图、直方图、箱线图、散点图［包括 Moran 散点图，见 Anselin（1996）］以及网格（用于表格选择和计算）。等值区域图源于 MapObjects 类别，包括局部空间自相关指标的聚类图（见 2.4 节）。GeoDa 软件所有功能的设计与预览见 Anselin et al.（2010）。

2.2　空间权重矩阵

探索性空间数据分析的重点是检验和展示空间关联的全局相关和局部相关

模式，即检验局部非平稳、发现空间异质性的孤岛等。定义空间关联（自相关）的一个重要方面是确定给定区域的相关"邻居"，即给定数据点（区域）周围会对数据点的观测值产生影响的区域单位。换句话说，相邻区域是空间单元能相互作用的区域。这种相互作用可能与空间溢出和外部性有关。

数据集的相邻结构最简单且最正规的表示是空间权重矩阵 W，它的维度等于区域单位的数量 n。每个区域用一个点（质心）标识，其中点的笛卡儿坐标是已知的。在该矩阵中，这个矩阵的每一行与相匹配的列都对应一对观测值。当区域（观测值）i 和 j 是相邻的时，矩阵中元素 W_{ij} 取非零值（即是一个二值矩阵），否则取零。为了简化，观测值不和其自身相邻，因此主对角线元素 $W_{ii}(i = 1, \cdots, n)$ 为零。

空间权重矩阵通常是行标准化的，矩阵中每一行之和都等于 1，矩阵中个体值 W_{ij} 按比例表示。矩阵 W 的行标准化使得区域的每个近邻被给予相等的权重并且 W_{ij}（对于 j）的和等于 1。如果观测值被当作 $n \times 1$ 维向量 X，则 WX，即行标准化权重矩阵 W 和 X 有一个直观的解释。对于每个元素 i，WX 等于 $\sum_j W_{ij} X_j$，WX 实际就是其近邻值的加权平均向量。类似于时间序列分析中使用的术语，该操作和相关变量通常被称为 X 的（一阶）空间滞后。注意，观测值所在的空间不一定需要是地理位置，只要分析人员可以确定所给区域之间存在空间相互作用，任何类型的空间就都是可以的。

表示空间区域数据关系的一种方法是通过相邻的概念。一阶相邻被定义为区域之间存在共同边界。形式设定如下：

$$W_{ij} = \begin{cases} 1, \text{如果区域 } j \text{ 和区域 } i \text{ 有共同的边界} \\ 0, \text{否则} \end{cases} \tag{2.1}$$

当区域 i 和区域 j 之间的质心距离 d_{ij} 小于一个给定的值 d 时，它们被定义为近邻，这样就产生了基于距离的空间权重：

$$W_{ij} = \begin{cases} 1, \text{若 } d_{ij} < d(d > 0) \\ 0, \text{否则} \end{cases} \tag{2.2}$$

其中，距离是从质心位置的纬度和经度的信息计算出来的。这些例子包括直线距离、大圆弧距离、旅行距离或时间，以及其他空间分离的度量指标。

直线距离决定平面中任何两个点的位置之间的最短距离，在处理位置的经度和纬度时，就像它们处于平面坐标一样。相比之下，大圆弧距离可以确定球体表面（如地球）上任何两点之间的距离，作为它们之间的大圆弧长度（Longley et al.，2001，pp.86-92）。在许多应用中，直线距离和大圆弧距离的简单测量对实际旅行距离的估计不够准确，因此运用 GIS 系统，加总旅行路线的实际长度。这意味着对一个交通系统中的网络连接的长度进行加总。

权重矩阵基于距离的设定形式（2.2）取决于给定的距离临界值 d。然而，当区域单位的大小存在高度异质性时，可能难以找到令人满意的临界距离。在这种情况下，一小段距离往往会产生很多孤岛（即不相关的观测值），而选择距离以保证每个区域单位（观测值）都至少有一个近邻时，又可能使更小的区域单位产生大量邻居（Anselin，2003a）。

在实证研究中，当构建基于距离的空间权重时会遇到如下问题，例如对于欧洲的 NUTS-2 地区，其中有些区域单元是欧洲人口稀少的地区，这些区域单元在物理尺寸上比另外一些人口密集地区（如中欧）要大很多。这个问题的一个常见解决方案是将近邻结构限制为有 k 个最近的近邻，从而排除"孤岛"现象并使得每个区域单元都具有相同数量的近邻。从形式上看：

$$W_{ij} = \begin{cases} 1, & \text{如果区域 } j \text{ 的质心是区域 } i \text{ 的 } k \text{ 个最近的质心中的一个} \\ 0, & \text{否则} \end{cases}$$

(2.3)

例如，如果将最近的近邻的数量设置为 6，则这个非正态化的权重矩阵将会在每一行中有 6 个"1"，它表示每个区域 i（$i=1,\cdots,n$）都有 6 个最近的近邻。近邻的数量 k 是这个权重方案的参数。k 的选择仍然是一个实证问题（LeSage and Fischer，2008）。

上述空间权重矩阵的一个共性是其元素是固定的。可以对其进行扩展，最直接的方法是，改变近邻的权重，通过引入参数 θ 使得较远的近邻获得较小的权重，参数 θ 表明了权重下降的速率。常用的连续加权方法是运用逆距离函数，使得权重与区域 i，j 之间的距离成反比。

$$W_{ij} = \begin{cases} d_{ij}^{-\theta}，\text{如果质心之间的距离 } d_{ij} < d(d > 0, \theta > 0) \\ 0，\text{否则} \end{cases} \tag{2.4}$$

其中，参数 θ 要么是估计的，要么是先验的。常见的选择是整数 1 和 2，后者服从牛顿引力模型。另一个连续加权方案源于负指数函数。

$$W_{ij} = \begin{cases} \exp(-\theta d_{ij})，\text{如果两个质心之间的距离 } d_{ij} < d(d > 0, \theta > 0) \\ 0，\text{否则} \end{cases}$$

$$\tag{2.5}$$

其中，参数 θ 可以是估计的，但通常是由研究者先验选择，一个常见的选择是 $\theta = 2$。

显然，相同的空间布局可以得出大量空间权重矩阵。重要的是要始终记住，任何空间统计分析的结果都取决于所选择的空间权重矩阵。在实践中，需要检验结论对于空间权重矩阵选择的敏感性，除非有理由认为只需考虑一种空间权重矩阵。

2.3 空间自相关的全局测量和检验

空间自相关（关联）是单一变量（"auto"表示"自我"）的观测值之间的相关性，这些变量严格归因于观测值在地理空间中的接近度。地理学第一定律很好地总结了这个概念，即"任何事物都相关，只不过相近的事物关联更紧密"（Tobler，1970，p.234）。到目前为止，有许多方法可以测量空间自相关（Getis，2010）。

空间自相关测度解决了变量相邻观测值之间的共变或相关性，从而可以比较两种类型的信息：观测值的相似性（值的相似性）和位置间的相似性（Griffith, 2003）。为了简化，我们将使用以下符号：

n：样本中的区域数量。

i, j：任意两个区域单元。

z_i：区域 i 的变量的值（观测值）。

W_{ij}：i 和 j 位置的相似性；且对于所有 i，$W_{ii}=0$。

M_{ij}：i 和 j 的变量观测值的相似性。

分析范围和尺度的不同会导致空间自相关（关联）测量和检验的不同。一般来说，使用全局和局部指标来度量。全局意味着 W 矩阵中的所有元素都与空间自相关的度量相关，也就是说，所有区域的空间自相关都包括在空间自相关的计算中。任何一个空间权重矩阵都能计算一个空间自相关的值。相反，局部自相关仅关注部分空间单元，即测量一个或几个特定区域单元的空间自相关。

全局空间自相关用来比较观测值的相似性 M_{ij} 和空间的相似性 W_{ij}，即将它们合并成单一的向量积的指数，即

$$\sum_{i=1}^{n}\sum_{j=1}^{n}M_{ij}W_{ij} \tag{2.6}$$

换句话说，先将 W 矩阵中的每个单元与其在 M 矩阵中的相应项相乘，然后求和得到。可对每个指数进行调整，使其易于解释（见下文）。

有很多测量观测值的相似性（关联）M_{ij} 的方法，主要取决于变量的缩放比例。对于名义变量来说，当 i 和 j 取相同变量值时，则 M_{ij} 取 1，否则取 0。对于顺序变量来说，观测值的相似性取决于 i 和 j 的秩的比较。对于区间变量来说，通常要使用 z_i 和 z_j 差分的平方 $(z_i-z_j)^2$ 以及向量积 $(z_i-\bar{z})(z_j-\bar{z})$，其中 $\bar{z}$ 表示所有 z 的平均值。

对区域单位和定距变量进行测量的最广泛使用的两个测量方法是 Moran I 和 Geary c 统计量。两者都表示了整个数据集的空间关联程度。Moran I 使用向

量积来测量数据关联程度，Geary c 使用差分的平方。正式地，Moran I 的表达式为（Cliff and Ord，1981，p. 17）

$$I = \frac{n}{W_0} \frac{\sum_{i=1}^{n} \sum_{j=1}^{n} W_{ij}(z_i - \bar{z})(z_j - \bar{z})}{\sum_{i=1}^{n}(z_i - \bar{z})^2} \tag{2.7}$$

其中标准化因子为

$$W_0 = \sum_{i=1}^{n} \sum_{j \neq i}^{n} W_{ij} \tag{2.8}$$

为了便于解释空间权重，W_{ij} 可以是行标准化形式的，虽然这不是必需的，但是按照惯例，对于所有 i 来说，$W_{ii} = 0$。注意，对于一个行标准化的 W，$W_0 = n$。

Geary c 统计量可表示为（Cliff and Ord，1981，p. 17）：

$$c = \frac{(n-1)}{2W_0} \frac{\sum_{i=1}^{n} \sum_{j=1}^{n} W_{ij}(z_i - z_j)^2}{\sum_{i=1}^{n}(z_i - \bar{z})^2} \tag{2.9}$$

其中 W_0 由等式（2.8）给出。在传统的非空间积矩相关的情况下，这些统计数据并非仅被限制于区间（−1，1）。对于大多数现实世界的数据集和合理的 W 矩阵来说，这是不太可能出现的实际操作问题（Bailey and Gatrell，1995，p. 270）。

空间自相关检验是基于 Moran I 和 Geary c 等统计量的决策规则，用于评估观测到的数据值的空间排列在多大程度上偏离了空间无关的零假设。这个假设意味着邻近区域不会相互影响，即存在独立性和空间随机性。

相反，在空间自相关（空间关联，空间依赖）的备择假设下，关注点是高值被邻近区域的其他高值包围的情况，或低值被邻近区域的其他高值包围的情况；反之亦然。前者被称为正空间自相关，后者被称为负空间自相关。正空间自相关意味着相似值的空间聚类（见图 2.3a），而负空间自相关意味着棋盘格式的值（见图 2.3b）。

与零假设下即不存在空间关联的预期相比，当计算的特定模式的空间自相关统计量呈现一个更大的值时，空间自相关被认为存在。判定何为更大的值取

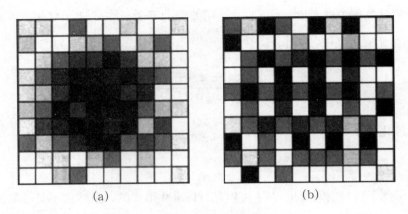

(a)　　　　　　　　　　　　　(b)

图 2.3　在规则网格上的空间自相关类型

（a）正空间自相关即有相似值的单元格邻近

（b）负空间自相关即邻近单元格的值不相似

决于检验统计量的分布。下面我们考虑 Moran I 统计量。

　　原则上，有两种方法可以检验 I 值是否显著偏离空间自相关的零假设（Cliff and Ord，1981，p. 21）。第一个是随机排列检验。在随机假设下，通过随机排列数据集中观测值的位置，就能得到所有可能值的集合，可以评价 I 的所有观测值。假设我们有 n 个观测值 z_i，它与预先给定的区域单位（$i=1$，…，n）相关。

　　因此有 $n!$ 种排列可能，每个都对应于 n 个观测值 z_i 在区域单位上的不同排列。其中一个与所观测的排序相关。Moran I 统计量可以计算出这 $n!$ 种排列中的任何一种。相对于在零假设下计算的值（随机排列的值），通过排列得到的经验分布函数提供了关于可观测统计量的极值（或缺乏极值）的结论基础。

　　即使在 n 较小的情况下，计算 $n!$ 也会产生很多值，例如，对于 $n=10$，已经需要计算 3 628 000 个 I 值。通过蒙特卡罗方法，以及对 $n!$ 的可能排列进行简单抽样，可以得到排列分布的近似值。注意，排列会重新排列原始数据，从而蒙特卡罗方法会产生结构类似的"新"数据。

　　另外一种可以检验 I 值是否显著偏离空间自相关零假设的方法是基于 I 的

近似抽样分布。如果存在数量适量的区域单位，则在某些情况下 I 抽样分布的近似结果可以用于检验。如果假设 z_i 是正态分布 Z_i 的随机变量观测值，那么 I 就有一个在此情况下适当的抽样分布：

$$E(I) = -\frac{1}{n-1} \tag{2.10}$$

$$\text{var}(I) = \frac{n^2(n-1)W_1 - n(n-1)W_2 - 2W_0^2}{(n+1)(n-1)^2 W_0^2} \tag{2.11}$$

其中

$$W_0 = \sum_{i=1}^{n} \sum_{j \neq i}^{n} W_{ij} \tag{2.8}$$

$$W_1 = \frac{1}{2} \sum_{i=1}^{n} \sum_{j \neq i}^{n} (W_{ij} + W_{ji})^2 \tag{2.12}$$

$$W_2 = \sum_{k=1}^{n} (\sum_{j=1}^{n} W_{kj} + \sum_{i=1}^{n} W_{ik})^2 \tag{2.13}$$

因此，我们可以根据一定抽样分布点的百分比来检验 I 的观测值。I 的一个"极端"观测值则表示显著空间自相关。Moran I 值大于其抽样分布点 $-1/(n-1)$ 的期望值就意味着正空间自相关，Moran I 值低于期望值则表示负空间自相关（Bailey and Gatrell，1995，pp. 281-282）。

注意，上述两种检验中涉及的假设有所不同。随机化检验的假设是，除了 z_i 的值，其他任何观测值都不可实现。换句话说，数据被视为一个总体，而所分析的问题就是数据值如何在空间上排列。因此，检验是对给定观测值中所有可能模式进行的。近似抽样分布检验假设是，观测值 z_i 是（正态）随机变量 Z_i 的观测值，即它们是随机过程的一个实现，也可能发生其他形式的实现。因此，如果随机变量 Z_i 的分布是正态的，这种检验就是空间自相关的一种检验（Bailey and Gatrell，1995，pp. 280-282；Fortin and Dale，2009）。

当 I 由回归残差计算出来后，以上方法在应用于空间自相关正式检验时，需要特别注意（见第三章）。出现问题的原因是，如果参数 Q 已经由回归估算出来（回归系数 β_q，$q=1，\cdots，Q$），则观测到的残差受到 Q 的线性约束。也就是说，观测到的残差在一定程度上将自动空间自相关，因此，Moran I 的上述检验程序将无效。然而，如果 $Q \ll n$，则忽略这一点可能是可行的。如果不满足 $Q \ll n$，那么严格来说应该对 I 的近似抽样分布的均值和方差进行调整。这里不再详细叙述，读者可以参考第三章，且第三章引用的文献中也包括了对空间滞后的空间自相关的检验。

2.4 空间自相关的局部测量和检验

随着 GISystems 大数据集的出现，可以明显看出，测量全局空间自相关可能已经微不足道。在过去二十年中，一些统计量（称为局部统计量）已经得到发展和应用。这些统计量可以对一个观测值的其他相似值围绕其空间聚集的显著性水平进行检验。因此，它们非常适用于识别热点地区（高值的局部聚类）或冷点地区（低值的局部聚类）是否存在，并且也适用于识别距离是否超过了明显没有空间相关的距离。

假设每个区域 $i(i = 1, \cdots, n)$ 和一个值 z_i 相关联，z_i 代表随机变量 Z_i 的观测值。通常情况下，假设 Z_i 有相同的边际分布。如果它们是独立的，我们就说不存在空间结构，即独立意味着没有空间自相关。但反之不一定成立。然而，对空间自相关的检验就是对空间依赖（关联）的一种判断。通常情况下，如果空间自相关存在，则相邻区域将会出现相似性，尽管负空间关联模式也是存在的（Ord and Getis，1995，p. 287）。

空间自相关的局部检验和测量的基础来自向量积统计量：

$$\sum_{j=1}^{n} M_{ij} W_{ij} \tag{2.14}$$

它考虑了给定观测值（区域单位）$(i = 1, \cdots, n)$ 空间自相关的比较，其中 M_{ij} 和

W_{ij} 的定义在前面一节已经阐明。我们简单描述四种局部统计量：Getis 和 Ord 局部统计量 G_i 和 G_i^*，以及局部 Moran I 统计量和局部 Geary c 统计量。首先，Getis 和 Ord（1992）提出了局部统计量。通过为每个区域 i 定义一组邻近值来计算这个统计量，这组邻近值就是与 i 的距离小于临界距离 d 的观测值，其中 $i=1, \cdots, n$ 用点（质心）来表示。这可以用一组对称二进制权重矩阵 $W(d)$ 来正式表达，其元素 $W_{ij}(d)$ 通过距离 d 来标记。对于每个距离 d，如果 i 和 j 之间的相互距离在一定范围内，则相应权重矩阵 $W(d)$ 的元素 $W_{ij}(d)$ 等于 1，否则为零。显然，对于不同的临界测度距离，将找到一组不同的邻近值。

G_i 和 G_i^* 统计量测度了一个包含 n 个观测值的数据集中每个观测值 i 局部相关的程度。假如给定了距离带宽，就能确定近邻。G_i 和 G_i^* 统计量就是近邻单位值的和与所有观测值（对于 G_i 统计量不包括区域 i 的值，但对于 G_i^* 统计量则包括区域 i 的值）的和的比率。对于不同距离的带宽，这些统计量都是可以计算的。正式地，对于区域 i 的观测值的 G_i 统计量可以表示为

$$G_i(d) = \frac{\sum_{j \neq i}^{n} W_{ij}(d) z_j}{\sum_{j \neq i}^{n} z_j} \qquad (2.15)$$

除 i 之外的所有 j 的总和。G_i^* 由下式给出

$$G_i^*(d) = \frac{\sum_{j=1}^{n} W_{ij}(d) z_j}{\sum_{j=1}^{n} z_j} \qquad (2.16)$$

包括 i 在内的 j 的总和。G_i 统计量可以解释为对围绕特定观测值 i 的相似值集群的测度，不考虑与该区域无关的值，而 G_i^* 统计量则包括了测度集群中的值。其值若为正值则表示高值的聚类，若为负值则表示低值的聚类。有趣的是，G_i^* 在数学上与全局 Moran $I(d)$ 相关，所以 Moran I 可以被解释为局部统计量的加权平均值（Getis and Ord，1992）。Ord 和 Getis（1995）提出了略有不同的 G_i 统计量，并详细讨论了分布特征（Getis，2010）。

Getis 和 Ord（1992）以及 Ord 和 Getis（1995）提出了两个统计量的期望

值和方差。如果观测值的潜在分布是正态的，则它们的分布也是正态的。但是如果观测值的分布是有偏的，则这种检验方法只有在临界距离 d 增加的情况下才趋于正态，而且对于只有很少几个近邻的边界地区，趋于正态分布是很慢的。换句话说，在这种情况下，仅当 j 个邻近区域的数量较大时才能保证检验统计量的正常性。除非观测值的分布极度有偏，否则在其没有严重推断错误的情况下，当 n 较小时（如 8 个近邻），这种方法是可以使用的（Getis and Ord，1996）。这些统计数据识别的热点地区可以解释为集群或空间非平稳性迹象。

空间相关性的局部指数（local indicators of spatial association，LISA）由 Anselin（1995）提出，将全局空间自相关统计量（例如 Moran I 统计量和 Geary c 统计量）分解成每个个体观测值 $i = 1, \cdots, n$ 的贡献。观测（区域）$i = 1, \cdots, n$ 的局部 Moran I_i 统计量定义为

$$I_i = (z_i - \bar{z}) \sum_{j \in J_i}^{n} W_{ij} (z_j - \bar{z})^2 \tag{2.17}$$

其中 J_i 指的是区域 i 的近邻的集合，同时对属于 J_i 的所有 j 进行加总，$\bar{z}$ 表示邻近观测值的平均值。

对于所有观测值 i，显然 I_i 的总和为

$$\sum_{i=1}^{n} I_i = \sum_{i=1}^{n} (z_i - \bar{z}) \sum_{j=J_i}^{n} W_{ij} (z_j - \bar{z}) \tag{2.18}$$

等式（2.18）与等式（2.7）和等式（2.8）所给出的全局 Moran I 统计量成正比。

在没有空间相关的零假设下，可以由 Cliff 和 Ord（1981，pp.42－46）所概述的原理来推导 I_i 的矩。例如，对于随机化假设，期望值表述为

$$E[I_i] = -\frac{1}{n-1} \widetilde{W}_i \tag{2.19}$$

方差为

$$\mathrm{var}[I_i] = \frac{1}{n-1} W_{i(2)} (n - b_2) + \frac{2}{(n-1)(n-2)} W_{i(kh)} (2b_2 - n)$$

$$-\frac{1}{(n-1)^2}\widetilde{W}_i^2 \qquad\qquad (2.20)$$

其中，

$$W_{i(2)} = \sum_{j\neq i}^{n} W_{ij}^2 \qquad\qquad (2.21)$$

$$2W_{i(kh)} = \sum_{k\neq i}^{n}\sum_{h\neq i}^{n} W_{ik}W_{ih} \qquad\qquad (2.22)$$

$$\widetilde{W}_i = \sum_{j=1}^{n} W_{ij} \qquad\qquad (2.23)$$

式中，$b_2 = m_4 m_2^{-2}$，$m_2 = \sum_i (z_i - z)^2 n^{-1}$ 为二阶矩，$m_4 = \sum_i (z_i - z)^4 n^{-1}$ 为四阶矩。对于显著局部空间相关的检验是基于这些矩的，尽管这些统计量的精确分布仍然是未知的（Anselin，1995，p. 99）。

另外，可以使用条件随机排列检验来产生所谓的伪显著性水平。随机是有条件的，其意义在于：与区域 i 相关的 z_i 值在排列中保持不变，而其他值在整个区域中是随机排列的。对于这些重复抽样数据集中的每一个值，都可以计算局部 Moran I_i 的值。所得的经验分布函数提供了推断上述 Moran I_i 统计量是否存在极值的基础，其条件是在零假设下计算出来的 I_i 的值。

在评估显著性时存在的一个较复杂的问题是：当两个区域 i 和 k 的邻近集 J_i 和 J_k 包含相同元素时，单个地区（区位）的统计量将会趋于相关。由于这种相关性和随之引起的多重比较问题，显著性的推断是有缺陷的。此外，不可能得出每个统计量的精确的边际分布，并且显著性水平必须由 Bonferroni 不等式或根据 Sidák（1967）提出的方法来近似。正如 Anselin（1995，p. 96）所指出的，当与多重比较（相关检验）相关的整体显著性被设为 α 且存在 m 个比较时，单个显著性水平 α_i 要么根据 Bonferroni 不等式设为 α/m，要么按照 Sidák 方法设为 $1-(1-\alpha)^{1/m}$。注意，对于局部相关指数来说，使用 Bonferroni 不等式可能过于保守。例如，若 $m=n$，则如果数据集有 100 个观测值，整体显著性 $\alpha=0.05$ 意味着个体显著性水平 $\alpha_i=0.0005$，因此对任何具有显著性的地区，使用 Bonferroni 不等式计算出局部相关指数只能展示一小部分。但是因为个体统计量间的相关性是由近邻集合里的共同元素引起的，因此，对于地区 k，其中只有一部分会与单个 I_i 在统计上是相关的（Anselin，1995，p.96）。

使用与以前相同的符号，对于每个观测值 $i(i = 1, \cdots, n)$，局部 Geary c_i 统计量可以被定义为

$$c_i = \sum_{j \in J_i}^n W_{ij}(z_i - z_j)^2 \tag{2.24}$$

其中 J_i 指区域 i 的近邻的集合。可以用与局部 Moran 统计量相同的方式来解释统计量 c_i。对所有观测值的 c_i 进行加总，得到

$$\sum_{i=1}^n c_i = \sum_{i=1}^n \sum_{j \in J_i}^n W_{ij}(z_i - z_j)^2 \tag{2.25}$$

这明显与等式（2.9）所给出的全局 Geary c 统计量成正比。

LISA 统计量 I_i 和 c_i 有两个目的。一方面，它们被视为非平稳性的指数或热点地区，与 G_i 和 G_i^* 统计量相似。另一方面，它们可以用来评估个体区位（观测值）对相应全局空间自相关统计量 Moran I 和 Geary c 的强度的影响程度。

第三章

区域数据的建模

　　摘要： 空间数据探索性分析通常只是为更正式的建模方法奠定了初步基础，更为正式的建模方法的目的是建立变量的观测值与每个区域单位记录的其他变量的观测值之间的关系。本章的重点是介绍横截面数据下的空间回归模型，不考虑面板数据的空间分析。此外，我们假设有关数据大致是正态分布的。这个假设在不同程度上影响我们将要考虑的大多数空间回归方法。注意，如果我们感兴趣的变量的值是一个计数或一个比例，那么正态性假设是不能成立的。在这些情况下，我们预期此类数据的模型与概率分布有关，如泊松分布或二项分布。本章包括五个部分：首先，确定回归模型中空间依赖性的设定形式；其次，介绍对空间依赖性检验的方法；再次，对文中广泛使用的空间德宾模型（SDM）进行回顾，并且讨论基于最大似然（ML）原理的空间回归模型的估计；最后，讨论关于模型参数解释和迄今为止被忽视的一些问题。对实现本章介绍的模型、方法和技术感兴趣的读者可以找到相应的 MATLAB 代码，这些代码可以在 spatial-econometrics.com 公开获得，对于 LeSage 的空间计量经济学工具箱（可从 http://www.spatial-econometrics.com/下载）参见 Liu 和 LeSage

（2010）在《地理系统学报》第 12 卷第 1 期（pp. 69 - 87）中的简要说明。另一个有用的开放软件是 R 软件的 spdep 程序包（可从 http://cran. r-project. org 下载）。

关键词：区域数据；空间回归模型；空间滞后模型；空间误差模型；高阶模型；空间德宾模型；检验形式的设定；空间相关性检验；最大似然估计；模型参数解释

3.1　空间回归模型

起点是线性回归模型，其中每个观测值（区域）i，$i=1, \cdots, n$，满足以下关系：

$$y_i = \sum_{q=1}^{Q} X_{iq}\beta_q + \varepsilon_i \tag{3.1}$$

其中，y_i 是因变量的观测值，X_{iq} 是每个解释变量的观测值，$q=1, \cdots, Q$（包括常数，或者"1"），β_q 是相应的回归系数，ε_i 是误差项。

在传统回归等式中，误差项均值为 0，也就是，对于所有的 i，$E[\varepsilon_i] = 0$，并且它们是独立同分布的（即 iid）。因此，它们的方差是固定的，对于所有的 i，都有 $\mathrm{var}[\varepsilon_i] = \sigma^2$，并且它们是不相关的，对于所有 $i \neq j$，都有 $E[\varepsilon_i \varepsilon_j] = E[\varepsilon_i]E[\varepsilon_j] = 0$。

回归模型用矩阵符号可以表示为

$$y = X\beta + \varepsilon \tag{3.2}$$

其中，因变量的 n 个观测值堆叠成 $n \times 1$ 维向量 y，解释变量写成 $n \times Q$ 阶矩阵 X，参数向量 β 为 $Q \times 1$ 维，随机误差项写成 $n \times 1$ 维向量 ε。$E[\varepsilon] = 0$，其中 0 是 $n \times 1$ 维零向量，$E[\varepsilon\varepsilon'] = \sigma^2 I$，其中 I 表示 $n \times n$ 阶单位矩阵。

观测值独立的假设大大简化了模型，但是在区域数据中，由于可能存在误差项之间的空间相关，这种简化是不合适的。如果解释变量、残差或因变量在空间上相关，则该模型存在错误设定问题，并且模型的结果是有偏的或不一致的。

空间相关反映了一个地区单位观测值取决于邻近地区近邻观测值。可以通过两种主要方式将空间相关性引入模型（3.2）：一种被称为空间滞后相关，另一种被称为空间误差相关（Anselin，1988b）。前者涉及因变量间的空间相关，

第三章

区域数据的建模

而后者则指的是误差项间的空间相关。因此，区分空间滞后和空间误差模型设定已变得更加容易。

也可以在解释变量中引入空间相关，导致所谓的交叉回归模型（Florax and Folmer，1992），也称为空间滞后 X（或 SLX）模型（LeSage and Pace，2009）。但是，与空间滞后模型和空间误差模型相反，它们不需要采用特殊的估计过程。因此，本章将不再赘述。

空间滞后模型解释了因变量的空间相关性（依赖性）。这些模型设定通常是由强调邻域效应的重要性的理论或跨越邻域单位边界的空间外部性引起的，并在因变量中出现。这种空间自相关是实质性的，因为对它们的解释具有意义。

相比之下，空间误差模型解释了误差项中的空间相关。空间误差依赖可能源于空间相关的不可观测的潜变量，也可能源于不能准确反映近邻关系的区域边界，而这些区域边界产生了用于分析的变量。由这些原因引起的空间自相关被认为是比较麻烦的。

空间滞后模型　空间滞后模型是回归模型（3.1）的扩展。模型允许区域 i（$i=1, \cdots, n$）中的因变量 y 依赖于邻近区域 $j \neq i$。最基本的空间滞后模型，即一阶空间自回归（spatial autoregressive，SAR）模型，形式如下：

$$y_i = \rho \sum_{j=1}^{n} W_{ij} y_j + \sum_{q=1}^{Q} X_{iq} \beta_q + \varepsilon_i \tag{3.3}$$

其中，误差项 ε_i 是 iid 的，W_{ij} 是 $n \times n$ 阶空间权重矩阵 W（见 2.2 节）的第 (i, j) 个元素。回忆一下，如果每一行 i 中的第 j 列是区域 i 的邻近区域，则 W 有非零元素 W_{ij}。按照惯例，对于所有 i，$W_{ii}=0$。所有值都是外生的。我们假设 W 是行随机的，因此，矩阵 W 有一个特征根。行随机指的是一个非负矩阵，其行和标准化为 1。

等式（3.3）中，标量 ρ 是一个参数（需要估计），用来决定 y_i 和 $\sum_j W_{ij} y_j$ 之间空间自相关关系的强度，$\sum_j W_{ij} y_j$ 是基于 W 中第 i 行非零元素的观测值的线性组合。ρ 的取值由区间（$w_{\min}^{-1}$，$w_{\max}^{-1}$）确定，其中 $w_{\min}^{-1}$ 和 $w_{\max}^{-1}$ 代表矩阵 W 的

最小特征根和最大特征根。对于一个行标准化权重矩阵 W 来说，$-1 \leqslant w_{\min} < 0$，$w_{\max} = 1$，因此 ρ 从负值到 1 变化。在正空间自相关确定的情况下，ρ 的取值被限制到 $[0, 1)$，这样可以简化计算。如果 $\rho = 0$，则是传统的回归模型 (3.1)，因此可以重点关注 ρ 的系数估计的统计显著性。

用矩阵符号表示，模型 (3.3) 可以写成：

$$y = \rho W y + X\beta + \varepsilon \tag{3.4}$$

其中，行标准化空间权重矩阵为 W（即权重被标准化，因此，对于所有 i，$\sum_j W_{ij} = 1$），这意味着将近邻的平均值作为一个额外的变量加入回归方程。变量 Wy 被认为是因变量的空间滞后。例如，在欧洲区域增长率的模型中，将增加邻近地区的增长率的平均值作为解释变量。式 (3.4) 是一个结构模型，它的简略形式，即模型对 y 的解，可以表示为

$$y = (I - \rho W)^{-1}(X\beta + \varepsilon) \tag{3.5}$$

因此，y 的期望值为

$$E[y] = (I - \rho W)^{-1} X\beta \tag{3.6}$$

误差项均值为 0。逆矩阵项被称为空间乘数，并且这表明每个观测值 y_i 的期望将取决于邻近观测点 X 值的线性组合，其程度可用相关性参数 ρ 来度量。

空间误差模型 当误差项存在相关，即来自不同区域的误差是空间相关的时，存在另一种形式的空间相关。最常见的方程设定是一阶空间自回归过程，形式如下：

$$\varepsilon_i = \lambda \sum_{j=1}^{n} W_{ij} \varepsilon_j + u_i \tag{3.7}$$

其中，λ 是自回归参数，u_i 为随机误差项，也假设为 iid 的。等式 (3.7) 的矩阵表达式为

$$\varepsilon = \lambda W \varepsilon + u \tag{3.8}$$

假定 $|\lambda| < 1$，并求解等式 (3.8)，可以得出 ε 为

$$\varepsilon = (I - \lambda W)^{-1} u \tag{3.9}$$

将式 (3.9) 代入标准回归模型 (3.2) 就可以得出空间误差模型：

$$y = X\beta + (1 - \lambda W)^{-1} u \qquad (3.10)$$

其中，$E[uu'] = \sigma^2 I$，因此，完整的误差方差—协方差矩阵表示为

$$E[\varepsilon\varepsilon'] = \sigma^2 (1 - \lambda W)^{-1} (1 - \lambda W')^{-1} \qquad (3.11)$$

空间误差模型（SEM）可以被视为标准回归模型与误差项 ε 中的空间自回归模型的组合，因此，其期望值等于标准回归模型的期望值。在大样本中，SEM 模型的参数 β 的点估计和常规回归模型参数 β 的点估计是相同的，但是在小样本中，应该对误差项进行正确的空间相关性建模。需要注意的是，相比之下，方程右侧包含了空间滞后项 Wy 的空间滞后模型的期望值，其与标准回归模型不同。

高阶模型   除了上述基本空间滞后模型和空间误差模型之外，还可以通过包含两个或更多权重矩阵来确定高阶模型。使用多个权重矩阵可以确定最简单直观的广义 SAR 模型和 SEM 模型。例如，Anselin（1988b，pp. 34 - 36）使用两个空间权重矩阵 W_1 和 W_2 将基本空间滞后模型和空间误差模型组合起来，因此

$$y = \rho W_1 y + X\beta + \varepsilon \qquad (3.12)$$

$$\varepsilon = \lambda W_2 \varepsilon + u \qquad (3.13)$$

$$u \sim N(0, \sigma_u^2 I) \qquad (3.14)$$

其中，W_1 和 W_2 分别代表 $n \times n$ 阶非负空间权重矩阵，其中主对角线上值为 0。要估计的参数包括 β，ρ，λ 和 σ_u^2。设定 $\rho = 0$，消除了空间滞后变量 $W_1 y$，得到基本空间误差模型（3.10）。当 $\lambda = 0$ 时，消除了空间滞后扰动项就能得到基本空间滞后模型（3.4）。

3.2　空间相关性检验

在回归模型中检验空间相关性存在的标准方法是进行诊断检验。众所周知，Moran I 统计量是检验空间自相关的统计量中最常用的一个（Cliff and Ord

1972，1973，另见 2.3 节）：

$$I = \frac{n}{W_0} \frac{e'We}{e'e} \tag{3.15}$$

$$W_0 = \sum_{i=1}^{n} \sum_{j \neq i}^{n} W_{ij} \tag{3.16}$$

其中，e 是 OLS 残差 $y - X\hat{\beta}$ 的一个 $n \times 1$ 维向量。$e'e$ 是残差平方和，W_0 等于所有 i 和 j 的 W_{ij} 之和，是一个归一化因子。如果空间权重矩阵 W 是行标准化的，则不需要修正因子 n/W_0。实践中，Moran I 检验是基于正态估计的，使用通过减去零假设下的均值并且除以方差的平方根而获得的标准化的值。

正如 2.3 节提到的，对残差进行空间相关性检验时，需要格外注意。问题在于，如果回归系数 Q 已经被估计，那么所观测的残差就自动服从 Q 的线性约束。也就是说，所观测的残差将会在某种程度上相关，因此，Moran I 检验就会无效。如果 $Q \ll n$，那么忽视这一点也是合理的。如果不是的话，就应该对 I 的近似样本分布的均值和方差做调整。

一个替代方法是，关注基于 Burridge（1980）提出的拉格朗日乘数法的空间误差相关性检验，该方法在表达式上与 Moran I 相似，而且同样是从 OLS 残差中计算出来的。在不存在空间相关性的零假设（$H_0: \lambda = 0$）下，为实现渐近卡方分布（自由度为 1），需要一个就矩阵的迹而言的归一化因子。这个 LM 误差统计量形式如下：

$$LM(\text{误差项}) = \left(\frac{e'We}{e'en^{-1}} \right)^2 \frac{1}{tr[W'W + W^2]} \tag{3.17}$$

其中，tr 代表迹运算（矩阵的对角线元素的和），$(e'en^{-1})$ 代表误差方差。如果不考虑缩放因子 $tr[W'W + W^2]^{-1}$，则这个统计量本质上就是 Moran I 统计量的平方。

一个基本的空间相关性检验（即一个省略的空间滞后项）也可以基于拉格朗日乘数原则（Anselin，1988b）。它的形式稍微复杂，但是仅仅需要 OLS 回归的结果。这个检验形式如下：

$$LM(\text{滞后项}) = \left(\frac{e'Wy}{e'en^{-1}} \right)^2 \frac{1}{H} \tag{3.18}$$

式中

$$H = \{(WX\hat{\beta})'[I - X(X'X)^{-1}X'](WX\hat{\beta})\hat{\sigma}^{-2}\} + tr(W'W + W^2)$$

(3.19)

其中，$\hat{\beta}$和$\hat{\sigma}^2$都表示 OLS 估计量，Wy是空间滞后项，$WX\hat{\beta}$是预测值 $X\hat{\beta}$的空间滞后项。$[I - X(X'X)^{-1}X']$ 是投影矩阵。在不存在空间相关关系（H_0：$\rho =$ 0）的零假设下，LM(滞后项) 服从自由度为 1 的卡方分布。

检验形式的设定 选择空间滞后模型还是空间误差模型有很多影响因素。基本方法就是应选择具有最高显著性水平的 LM 检验统计量所对应的方案（Anselin and Rey，1991）。在存在空间滞后（误差）相关的情况下，针对误差（滞后）相关的 LM 检验是有偏的，因此，Anselin et al.（1996）对两种 LM 统计量的稳健形式进行了进一步的完善。

Florax 和 Folmer（1992）提出了一种序贯检验过程来区分一个模型应该选择 $\rho = 0$ 或者 $\lambda = 0$，还是应该选择 ρ 和 λ 都不为 0。当然，这种方法由于预先排列检验问题使得最终模型设置的参数推断变得复杂。

Florax et al.（2003）考虑了 Hendry 的"从一般到特殊"法而不是逐步向前的方法来设定模型。而"一般到特殊"法检验了对于最基础的包括空间滞后相关和空间误差相关的模型（3.12）～模型（3.14）的顺序性限制，逐步策略则考虑模型扩展的顺序。从回归模型（3.2）开始，通过添加空间滞后项来扩展模型，基于模型误设检验的结果而定。它们的结论是，Hendry 方法检验真实数据生存过程的能力是不足的。

3.3 空间德宾模型

空间德宾模型（SDM）是带有空间滞后解释变量的 SAR 模型（3.4）。

$$y = \rho W y + X\beta + W\overline{X}\gamma + \varepsilon \qquad (3.20)$$

其中，$\overline{X}$ 是 $n \times (Q-1)$ 阶非常数的解释变量矩阵。模型的简约式为

$$y = (I - \rho W)^{-1}(X\beta + W\overline{X}\gamma + \varepsilon) \qquad (3.21)$$

有

$$\varepsilon = N(0, \sigma^2 I), \qquad (3.22)$$

其中，γ 是 $(Q-1) \times 1$ 维参数向量，测度解释变量的相邻观测值（区域）对被解释变量 y 的边际影响。$\overline{X}$ 乘以 W（即 $W\overline{X}$）表示反映相邻观测值的平均值的空间滞后解释变量。如果 W 是稀疏的（有大部分的 0），计算 $W\overline{X}$ 不用花很长时间。

通过定义 $Z = \begin{bmatrix} X & W\overline{X} \end{bmatrix}$ 和 $\delta = \begin{bmatrix} \beta & \gamma \end{bmatrix}'$，这个模型可以写成一个 SAR 模型

$$y = \rho W y + Z\delta + \varepsilon \qquad (3.23)$$

或者

$$y = (I - \rho W)^{-1} Z\delta + (I - \rho W)^{-1}\varepsilon \qquad (3.24)$$

将区域数据样本应用于空间回归模型可能会出现两种情形，这两种情形需要应用 SDM 模型。第一种情形是 OLS 回归模型中扰动项存在空间相关。第二种情形是存在一个遗漏的解释变量，该遗漏变量与模型中包含的变量存在非零协方差，特别是在处理区域数据样本时可能会产生遗漏变量（LeSage and Fischer, 2008）。

此外，空间德宾模型在空间回归分析领域占据了很重要的位置，因为它包含了许多在文献中广泛使用的模型（LeSage and Pace, 2009）：

（i）若施加 $\gamma = 0$ 的限制，就会产生空间自回归模型（3.4），其包含空间滞后因变量，但是不包含空间滞后解释变量的影响。

（ii）若所谓的共同因素参数的限制 $\gamma = -\rho\bar{\beta}$，就会产生空间误差回归模型（3.10），其假设地区间外部性也是空间相关问题，是由随机冲击的空间传导造成的〔注意，$\bar{\beta}$ 代表 $(Q-1) \times 1$ 维参数向量，测量非常数解释变量对因变量的

边际影响。$\beta = (\beta_0, \bar{\beta})'$，其中 β_0 是一个常数项参数]。

（ⅲ）若施加 $\rho = 0$ 的限制，就会导致空间滞后 X 最小二乘回归模型，其假定解释变量的观测值之间相互独立，但是以空间滞后解释变量的形式包括相邻区域的特征。

（ⅳ）若施加 $\rho = 0$ 和 $\gamma = 0$ 的限制，就会产生如等式（3.2）所给出的标准最小二乘回归模型。

因此，SDM 模型提出了"一般到简单"的模型选择方式。无论上述限制成立与否，检验都不是很困难的事。特别重要的是共同因素检验，它区分了无限制的 SDM 模型方程和 SEM 模型方程，换句话说，就是区分了分析中的实质相关和残差相关。Burridge（1980）提出的似然比检验是在这种情况下最常用的检验 [更多细节见 LeSage 和 Pace（2009）；对于替代检验方法和基于蒙特卡罗方法的比较见 Mur 和 Angulo（2006）]。

最后，应该注意的是，空间德宾模型（3.20）可以被概括为

$$y = \rho W_1 y + X\beta + W_1 \bar{X}\gamma + \varepsilon \tag{3.25}$$

$$\varepsilon = \lambda W_2 \varepsilon + u \tag{3.26}$$

$$u \sim N(0, \sigma_u^2 I) \tag{3.27}$$

其中，$n \times n$ 阶空间权重矩阵 W_1 和 W_2 可以相同或者不同。更多有关这个模型的细节可以参考 LeSage 和 Pace（2009，pp. 52 - 54）。

3.4 空间回归模型的估计

空间回归模型通常通过最大似然（ML）方法进行估计，其中，相对于一些其他相关参数而言，所有观测值联合分布（似然）的概率是最大的。最大似然估计具有良好的渐近理论性质，如一致性、有效性和渐近正态性，并且被认为

当偏离正态性假设时也是稳健的（LeSage and Pace，2004，pp. 10 - 11）。

与空间回归模型相关的估计问题对于空间滞后模型和空间误差模型两种情况是不同的。首先关注等式（3.23）中的 SAR（和 SDM）模型。

假定 $\varepsilon \sim N(0, \sigma^2 I)$，将等式（3.23）给出的 SAR 模型取对数（更精确地说是自然对数）似然函数，得到等式（3.28）（Anselin，1988b，p. 63）：

$$\ln L(\rho, \delta, \sigma^2) = -\frac{n}{2}\ln 2\pi - \frac{n}{2}\ln\sigma^2 + \ln|A| - \frac{1}{2\sigma^2}(Ay - Z\delta)'(Ay - Z\delta)$$

（3.28）

其中，n 是观测值的数量，$|\cdot|$ 代表矩阵的行列式；为了简化，表达式 $I - \rho W$ 由 A 替代。在这个似然函数中参数 ρ，δ 和 σ^2 需要被最大化。

等式（3.28）中最后一项的最小化对应普通最小二乘（OLS），但由于忽略了对数雅可比项 $\ln|I - \rho W|$，故在此模型中 OLS 不是一致估计。两步程序的结果不令人满意，因此要从最大似然估计中获得参数的估计（Anselin，2003b）。

结果是，回归系数 δ 的估计以 ρ 值为条件，可以写成：

$$\delta = \delta_o - \rho \delta_L \tag{3.29}$$

其中，δ_o 和 δ_L 分别是 Z 对 y，Z 对 Wy 的 OLS 估计系数。同样，误差的方差 σ^2 的估计可以表示为

$$\sigma^2 = (e_o - \rho e_L)'(e_o - \rho e_L)\frac{1}{n} \tag{3.30}$$

式中，e_o 和 e_L 分别是 δ_o 和 δ_L 回归中的残差向量，即 $e_o = y - Z\delta_o$，$e_L = Wy - Z\delta_L$，其中，$\delta_o = (Z'Z)^{-1}Z'y$ 和 $\delta_L = (Z'Z)^{-1}Z'Wy$。

将等式（3.29）和等式（3.30）代入对数似然函数等式（3.28），可以得到集中对数似然函数的标量形式：

$$\ln L_{\mathrm{con}}(\rho) = \kappa + \ln|I - \rho W| - \frac{n}{2}\ln[(e_o - \rho e_L)'(e_o - \rho e_L)] \tag{3.31}$$

其中，κ 是常数且不依赖于 ρ。最优化集中对数似然函数的目的在于将多变量优化问题化简为单变量优化问题。关于 ρ 来最大化集中对数似然函数得到 ρ^*，ρ^*

等于最大似然估计值（$\hat{\rho}_{ML}=\rho^*$）。要注意的是，在小样本情况下 ρ 的最大似然估计会产生一个向下的偏误。当有大量观测值时，模型的最优化问题在计算上产生困难，需要计算 $n\times n$ 阶矩阵（$I-\rho W$）的对数行列式。解决这一计算问题至少有两个策略。第一个策略是运用替代估计量。例如运用工具变量（IV）方法（Anselin，1988b，pp.81-90）或者工具变量（IV）/广义矩（GM）方法（Kelejian and Prucha，1998，1999）。然而，这些替代估计量方法有几个缺点。一个缺点就是产生的 ρ 估计值会落入由空间权重矩阵 W 产生的特征值边界定义的区间之外。此外，这些方法的推断程序对一些执行问题比较敏感，例如工具的选择和实际操作者不太熟悉的模型设定（LeSage and Pace，2010）。

第二个策略是直面 ML 估计的计算难题。Martin（1993）的泰勒级数法、Griffith 和 Sone（1995）基于特征值的方法、Pace 和 Barry（1997）的直接稀疏矩阵法、Smirnov 和 Anselin（2001）的特征多项式法以及 Pace 和 LeSage（2009）的抽样法都是该策略具体的例子。对于大多数对数行列式的近似总结可以参考 LeSage 和 Pace（2009，Chap.4）。结合这些估计方法的计算方法的改进可以表明如今能通过 ML 估计方法处理大部分问题。

关于模型的参数的推断通常基于方差—协方差矩阵的估计。当样本量较小时，基于参数 $\eta=(\rho,\delta,\sigma^2)$ 的 Fisher 信息矩阵的渐近方差矩阵可用于度量这些参数的偏离程度。Anselin（1988b）提供了构建该信息矩阵所需的解析表达式，但是在处理涉及几千个观测值的大规模问题时，评估这些表达式可能在计算上是困难的（LeSage and Pace，2004，p.13）。

我们再看一下等式（3.10）提出的空间误差模型，它代表了可由等式（3.12）～等式（3.14）得出的回归模型系列中的另一个成员。假设其误差项是正态的，并且对于该模型也使用雅可比的概念，就得到 SEM 模型的对数似然函数：

$$\ln L(\lambda,\beta,\sigma^2)=-\frac{n}{2}\ln2\pi-\frac{n}{2}\ln\sigma^2+\ln|I-\lambda W|$$

$$-\frac{1}{2\sigma^2}(y-X\beta)'(I-\lambda W)'(I-\lambda W)(y-X\beta) \quad (3.32)$$

等式（3.32）的最后一项表明，在给定 λ 的条件下，对数似然函数最大化的选择和以下回归的残差平方和最小化的结果是等价的，即用空间滤波被解释变量 $y^* = y - \lambda Wy$ 对一组空间滤波解释变量 $X^* = X - \lambda WX$ 进行回归。一阶条件下的 $\hat{\beta}_{ML}$ 确实会产生广义最小二乘估计量（Anselin，2003b），即

$$\hat{\beta}_{ML} = [X'(I - \lambda W)'(I - \lambda W)X]^{-1}X'(I - \lambda W)'(I - \lambda W)y \quad (3.33)$$

类似地，$\hat{\sigma}^2$ 的 ML 估计为

$$\hat{\sigma}^2_{ML} = (e - \lambda We)'(e - \lambda We)\frac{1}{n} \quad (3.34)$$

其中，$e = y - X\hat{\beta}_{ML}$。$\lambda$ 的一致估计不能从简单辅助回归中得到，而一阶条件必须通过数值方法来明确求解。有关技术细节，请参见 Anselin（1988b，Chap. 6）或 LeSage 和 Pace（2009，Chap. 3）。对于空间滞后模型，渐近推断可以基于信息矩阵的逆得到［详细信息参见 Anselin（1988b，Chap. 6）］。

3.5　模型参数解释

同时反馈效应是空间回归模型的一个特征，它源于包含在空间滞后项 Wy 中的空间依赖关系。反馈效应主要源于一个地区 i 的近邻 j 中解释变量的变化，这种变化对观测区 i 的被解释变量产生了影响。因此，对包含空间滞后 Wy 的空间回归模型参数的解释变得更加复杂［例如参见 Kim et al.（2003）；Anselin 和 LeGallo（2006）；Kelejian et al.（2006）；LeSage 和 Fischer（2008）］。

为了解释这些反馈效应如何运作，我们遵循 LeSage 和 Pace（2010）的方法，并考虑与等式（3.35）中的空间滞后模型相关的数据生成过程，我们假定 ρ 的绝对值小于 1，且矩阵 W 是行随机的，将等式（3.36）进行无限级数展开来表示 $(I - \rho W)$ 的逆

$$y = (I - \rho W)^{-1} X\beta + (I - \rho W)^{-1}\varepsilon \qquad (3.35)$$

$$(I - \rho W)^{-1} = I + \rho W + \rho^2 W^2 + \rho^3 W^3 + \cdots \qquad (3.36)$$

$$y = X\beta + \rho W X\beta + \rho^2 W^2 X\beta + \rho^3 W^3 X\beta + \cdots$$
$$+ \varepsilon + \rho W\varepsilon + \rho^2 W^2 \varepsilon + \rho^3 W^3 \varepsilon + \cdots \qquad (3.37)$$

等式（3.37）所描述的模型可以解释为每个观测值 y_i 的期望值将取决于均值以及近邻观测值（区域单元）的取值（由独立相关参数 ρ，ρ^2，ρ^3，…衡量）的线性组合。

若考虑等式中出现的行随机空间权重矩阵 W（即 W^2，W^3，…）的作用，在等式（3.37）中我们假设 W 反映一阶邻近，矩阵 W^2 将反映二阶邻近，即一阶邻近的邻近。由于观测值 i 的邻近的邻近（二阶邻近）包括观测值 i 本身，所以当每个观测值具有至少一个邻近时，W^2 的主对角线上的元素就为正。也就是说，更高阶的空间滞后就会导致与观测值 i 之间的连接关系，如 $W^2 X\beta$ 和 $W^2\varepsilon$ 将会从向量 $X\beta$ 和 ε 中提取更精确的观测值，它将指向观测值 i 本身。这与普通最小二乘回归中的传统独立关系正好相反，其中高斯-马尔可夫假设通过假设数据生成过程中的观测值 i 和 j 之间的协方差为 0 来排除其他观测值（$j \neq i$）在 ε_i 上的依赖性（LeSage and Pace，2010）。

在等式（3.2）的标准最小二乘回归模型中，因变量向量包含了独立观测值，我们用 $\overline{X}_{iq}$ 表示第 q 个（非常数项）解释变量的观测值 i 的变化，这些变化仅仅影响观测值 y_i，因此，参数的直接的解释就是因变量关于解释变量的偏导数

$$\frac{\partial y_i}{\partial X_{jq}} = \begin{cases} \beta_q, & \text{对于 } i = j \text{ 且 } q = 1, \cdots, Q-1 \\ 0, & \text{对于 } j \neq i \text{ 且 } q = 1, \cdots, Q-1 \end{cases} \qquad (3.38)$$

SAR 模型（和空间德宾模型）允许这种类型的变化对 y_i 的影响以及对 $j \neq i$ 的其他观测值 y_j 的影响。这种类型的影响是由于模型中观测值之间的相互依赖或连接关系而产生的。为了了解这是如何运作的，考虑等式（3.39）所示的空间滞后模型

$$y = \sum_{q=1}^{Q} S_q(W)\overline{X}_q + V(W)l_n\beta_0 + V(W)\varepsilon \tag{3.39}$$

$$S_q(W) = V(W)(I\beta_q) \tag{3.40}$$

$$V(W) = (I - \rho W)^{-1} \tag{3.41}$$

其中，β_0 是 l_n 上的常数项参数，它是 $n\times1$ 维元素为 1 的向量。在 SDM 模型中 $S_q(W) = V(W)(I\beta_q + W\gamma_q)$。更多细节可以参考 LeSage 和 Pace（2009，p. 34）。

为了说明 $S_q(W)$ 的作用，改写等式（3.39）中数据产生过程的扩展形式，如等式（3.42）所示：

$$\begin{bmatrix} y_1 \\ y_2 \\ \vdots \\ y_n \end{bmatrix} = \sum_{q=1}^{Q-1} \begin{bmatrix} S_q(W)_{11} & S_q(W)_{12} & \cdots & S_q(W)_{1n} \\ S_q(W)_{21} & S_q(W)_{22} & \cdots & S_q(W)_{2n} \\ \vdots & \vdots & & \vdots \\ S_q(W)_{n1} & S_q(W)_{n2} & \cdots & S_q(W)_{nn} \end{bmatrix} \begin{bmatrix} \overline{X}_{1q} \\ \overline{X}_{2q} \\ \vdots \\ \overline{X}_{nq} \end{bmatrix} + V(W)l_n\beta_0 + V(W)\varepsilon \tag{3.42}$$

为了更清楚地考虑 $S_q(W)$ 的作用，考虑单一因变量的观测值 y_i 的行列式

$$y_i = \sum_{q=1}^{Q} [S_q(W)_{i1}\overline{X}_{1q} + S_q(W)_{i2}\overline{X}_{2q} + \cdots + S_q(W)_{in}\overline{X}_{nq}] + V(W)_i l_n\beta_0 + V(W)_i\varepsilon \tag{3.43}$$

其中，$S_q(W)_{ij}$ 表示矩阵 $S_q(W)$ 的第 (i,j) 个元素，$V(W)_i$ 是 $V(W)$ 的第 i 行，它服从等式（3.43）——不同于独立回归模型——y_i 关于 $\overline{X}_{jq}$（$j \neq i$）的导数是非零的，它取决于矩阵 $S_q(W)$ 的第 (i,j) 个元素的取值，参考 LeSage 和 Pace（2010）：

$$\frac{\partial y_i}{\partial X_{jq}} = S_q(W)_{ij} \tag{3.44}$$

与最小二乘情况对比，y_i 关于 $\overline{X}_{iq}$ 的导数不等于 β_q，而是表达式 $S_q(W)_{ii}$ 的结果，它度量了自变量 $\overline{X}_{iq}$ 的变化对被解释变量的观测值 i 的影响

$$\frac{\partial y_i}{\partial X_{iq}} = S_q(W)_{ii} \tag{3.45}$$

因此，单个区域（观测值）的解释变量的变化可能会影响其他邻域（观测

值）的因变量。这是空间滞后模型中同时空间依赖结构的逻辑结果。相邻地区单位特征变量的变化会导致该地区因变量的变化，也将会影响邻近区域的因变量。这些影响将通过区域系统扩散。

由于偏导数是 $n \times n$ 阶矩阵，而且因为存在 $Q-1$ 个非常数项的解释变量，于是这导致了 $(Q-1)n^2$ 个偏导数，这些偏导数提供了大量信息，LeSage 和 Pace（2009，pp. 36－37）建议加总所有这些偏导数。特别地，他们认为对矩阵 $S_q(W)$ 的所有行的总和或列的总和进行平均就可得到平均总效应或平均总影响，对这个矩阵的主对角线元素进行平均就可得到平均直接效应或影响，对 $S_q(W)$ 的非对角线元素进行平均就可得到平均间接效应或影响。后者的加总平均度量的结果被认为是空间溢出效应，或者对其他地区而不是本地区的影响。

一个应用的范例就是 Fischer et al.（2009b），他使用这些描述性影响的估计值的标量值。这个应用考虑了人力资本变化对欧洲地区劳动生产率水平的直接、间接和总影响，许多其他应用可以在 LeSage 和 Pace（2009）中找到。

关于这些影响的显著性的推论，需要确定其经验或理论分布。由于在 SAR 模型的情况下，这些影响反映了参数 ρ 和 $\bar{\beta}$ 的非线性组合，所以使用理论分布不太方便。给定模型估计以及相关方差—协方差矩阵以及 ML 估计（渐近）正态分布的知识，可以模拟参数 ρ 和 $\bar{\beta}$（在 SDM 模型的情况下为 γ）。这些实证模拟程度可用于标量描述性度量的表达式，从而得到标量影响的度量统计量的经验分布（LeSage and Pace，2009，2010）。

Fischer et al.（2009b）提供了一个度量这些标量描述性统计量离散程度的示例；LeSage 和 Fischer（2008）则提供了另一个基于贝叶斯平均模型来度量其离散程度的示例。

第二部分

空间交互数据的分析

在本书的第二部分，我们直接关注空间交互数据的分析，也就是说，随机变量$Y(i, j)(i, j = 1, \cdots, n,)$的每一个观测值代表了在空间位置$i$和$j$之间的人（汽车、商品、电话呼叫等）的移动，其中每个位置是交互的，既是起点又是终点。这些位置可以是点、区域（空间）或两者的结合。例如，如果我们对购物设施（如购物中心）的使用感兴趣，则起点可能是住宅区域，而目的地将设为固定点的购物中心。

重点是引力类型下的空间交互模型。这些模型通常利用三种类型的因素来解释交互的起点和终点之间的平均交互频率：（ⅰ）特定起点因素，其描述起点产生流的能力；（ⅱ）特定终点因素，其代表终点的吸引力；（ⅲ）起点—终点因素，其描述起点到终点的空间分离限制或阻碍交互活动的方式（Fischer，2010）。

这些模型与国际和区域间贸易、交通研究、人口迁移研究、购物行为、通勤和沟通研究等领域都是相关的。

第四章介绍了广义空间交互模型，它说明了平均交互频率与起点、终点和空间分离效应之间的一个多重关系。要特别强调的是在空间交互分析中作为重点的泊松空间交互模型的设定。最后一章指出了起点—终点流动的空间相关问题，并讨论了处理这个问题的方法。

关键词：空间交互数据；引力形式的广义空间交互模型；幂和指数形式的阻碍函数；泊松空间交互模型的设定；起点—终点流的空间相关；独立（对数正态）模型的计量经济学扩展；空间滤波方法；最大似然估计

第四章　空间交互数据的模型和方法

　　摘要：本章所研究的现象可以用最基础的术语来描述，即分布在相关地理空间中的个体形成的总体与机会的交互。这样的交互可能包括个体从一个位置向另一个位置的移动，例如每日的交通流量，在该例子中，相关参与者是个人，如通勤者（消费者），并且相关机会是他们的目的地，如工作（或商店）。类似地，可能会考虑迁移，在该例子中，相关参与者是移民（个人、家庭、公司），相关机会是他们可能的新位置。交互可能会涉及信息流，例如电话呼叫或电子信息。因此这里的电话呼出者或信息发送者可能是相关参与者，而可能的电话和电子信息接收者可以被视为一个相关机会（Sen and Smith，1995，*Gravity models of spatial interaction behavior*，Springer，Berlin，pp. 18 - 19）。

　　关键词：起点—终点流数据；引力形式的广义空间交互模型；特定起点变量；特定终点变量；分离函数；泊松空间交互模型的设定；过度离散；空间交互的负二项模型

假定我们有包含了 n' 个起点和 n 个终点的空间系统,并且 $y(i, j)$ 是观测到的从起点位置 $i = (1, \cdots, n')$ 到终点位置 $j = (1, \cdots, n)$ 的起点—终点(OD)流。这个流是包括零在内的正整数,因此可以写成形如等式(4.1)的空间交互矩阵 Y 的形式:

$$Y = \begin{bmatrix} y(1, 1) & \cdots & y(1, j) & \cdots & y(1, n) \\ \vdots & & \vdots & & \vdots \\ y(i, 1) & \cdots & y(i, j) & \cdots & y(i, n) \\ \vdots & & \vdots & & \vdots \\ y(n', 1) & \cdots & y(n', j) & \cdots & y(n', n) \end{bmatrix} \quad (4.1)$$

在大多数应用中,例如,迁移模型,$n = n'$,因此 Y 是具有 n^2 个元素的方阵。在某些应用中,例如,从住宅区 i 到个人购物中心 j 的购物行程,起点和终点位置的数量可能不同,因此 Y 将不是方阵。为了简单起见,我们将讨论限制为一个方阵,其中每个起点也是终点(即 $n = n'$)。主对角线上的元素 $y(i, i)$,$i = 1, \cdots, n$ 表示内部流,但要注意内部流存在难以记录的情况,并且还有一些情况,例如机场之间的航线的流动,其中内部流没有意义。矩阵的第 i 行描述了从位置 i 到 n 个目的地的流出,而矩阵的第 j 列描述了从 n 个起点位置到目的地位置 j 的流入。

表示 OD 流 $\{y(i, j): i, j = 1, \cdots, n\}$ 的基本模式以地图为中心。在地图上显示流的一种方法是在表示空间单位的每对质心之间绘制线段。为了显示流量,这些线段可以是有颜色的,或者以不同的粗细绘制。因为流是有方向的[换句话说,$y(i, j) \neq y(j, i)$],因此需要使用箭头表示流动的方向。

表示空间交互数据的问题在于位置的数量。如果位置数量较大，则映射表示失败，因为显示变得过于混乱。例如，具有 100 个位置的空间交互系统有 9 900 对定向节点。解决地图杂乱问题有两种可能的解决方案：第一，应用交互式参数操作（如阈值和过滤）以减少视觉复杂度；第二，使用可视化矩阵表示，其中链接由显示中平铺的方块表示，但地图提供的简单解释和内容却丢失了（Fischer，2000，p. 41）。

一些探索性工具试图揭示空间交互数据中的层次结构。如果我们正在处理的起点和终点位置是城市地区的流矩阵，与其他城市地区相比，其中一些将位于城市层级中更高的位置。因此，一些城市地区将主导其他地区，不是在简单的地理意义上而是在功能上的联系。Bailey 和 Gatrell（1995，p. 347）建议使用等式（4.1）给出的空间交互矩阵中的流数据来解释这种主导模式。一个简单形象的绘图方法是将每个位置表示为拓扑图上的一个点，如果 $y(i, j) > y(i, j')$，$j' = 1, \cdots, n$ 且 $j \neq j'$，以及如果按矩阵（4.1）中的列和方法测量，位置 j 比位置 i 大，则可以用有向弧将 i 与 j 相连。这个过程可能实施起来略复杂，但它提供了一种在有方向的图层中存在层次结构的一些证据（Bailey and Gatrell，1995，p. 347）。

4.2 广义空间交互模型

现在我们来考虑更多关于空间交互数据的正式模型。在数学上，我们考虑给定随机变量 $Y(i, j)$ 的一系列观测值 $\{y(i, j): i, j = 1, \cdots, n\}$ 的情况，其中每个观测值都对应了人（汽车、商品或电话）在起点和终点位置 i 和 j 上的流动。假定 $Y(i, j)$ 为独立随机变量，它们从指定的概率分布中抽样，该概率分布取决于平均值 $\mu(i, j)$。

根据一般形式的统计模型，对所观察的起点—终点流建模：

$$Y(i, j) = \mu(i, j) + \varepsilon(i, j) \quad i, j = 1, \cdots, n \tag{4.2}$$

其中 $\mu(i, j) = E[Y(i, j)]$ 是从 i 到 j 的交互频率的均值的期望，$\varepsilon(i, j)$ 是均值的误差项。

$\mu(i, j)$ 的最常见的模型之一，被称为空间交互或引力模型，它依赖于三种因素来解释交互起点和终点之间的平均交互频率：(i) 特定起点因素，其描述起点产生流的能力；(ii) 特定终点因素，其代表终点的吸引力；(iii) 起点—终点因素，其描述起点到终点的空间分离限制或阻碍交互活动的方式（Fischer，2010）。空间相互作用模型基本上表示了一个平均交互频率与起点、终点和空间分离效应之间的多重关系。起点 i 和终点 j 之间的平均交互频率可以表示为

$$\mu(i, j) = C \, A(i) \, B(j) \, S(i, j) \quad i, j = 1, \cdots, n \tag{4.3}$$

其中 $A(i)$ 和 $B(j)$ 被称为特定起点和特定终点因素（函数）。$S(i, j)$ 是测量位置 i 和 j 之间的分离的函数，C 表示一些比例常数项（Fischer and Griffith，2008）。

这种广义空间相互作用模型的替代形式可以通过对 $\mu(i, j)$ 施加不同的约束来确定。对于约束和常数之间的关系，参见 Ledent（1985）。在无约束的情况下，唯一指定的条件就是估计的平均交互频率等于观测到的平均交互频率

$$\sum_{i=1}^{n} \sum_{j=1}^{n} \mu(i, j) = \sum_{i=1}^{n} \sum_{j=1}^{n} y(i, j) \tag{4.4}$$

在起点约束和终点约束的情况下，每个地点（起点约束）估计的流出必须与观测到的总流出量 $y(i, \cdot)$ 相等，每个地点（终点约束）估计的流入必须与观测到的总流入量 $y(\cdot, j)$ 相等，即

$$y(i, \cdot) = \sum_{j=1}^{n} y(i, j) = \sum_{j=1}^{n} \mu(i, j) \tag{4.5}$$

$$y(\cdot, j) = \sum_{i=1}^{n} y(i, j) = \sum_{i=1}^{n} \mu(i, j) \tag{4.6}$$

最后，在双重限制的情况下，估计的流入和流出必须等于其观测到的总流入和总流出，也就是等式（4.5）和等式（4.6）必须得以满足。在随后的部分

中，我们将注意力集中在无约束的情况下，即如果要预测未来的流量，我们没有关于空间交互矩阵的边际总和的先验信息。

4.3 普通最小二乘回归模型的设定与方法

等式（4.3）是空间交互模型最为一般的情形。如果 $A(i)$，$B(j)$ 和 $S(i,j)$ 更具体，这个模型会与其他模型相区别。这几项的确切函数形式受到不同程度的连接形式的影响。但是，一致认为，起点和终点因素最好由幂函数给出（Fotheringham and O'Kelly，1989，p. 10）：

$$A(i) = A(i, \beta) = (A_i)^\beta, \quad i = 1, \cdots, n \tag{4.7}$$

$$B(j) = B(j, \gamma) = (B_j)^\gamma, \quad j = 1, \cdots, n \tag{4.8}$$

其中在特定空间交互环境下，$A(i)$ 代表一些测度起点 i 的推力的恰当变量，$B(j)$ 代表测度终点 j 的拉力的恰当变量。$A(i)B(j)$ 可以简单地解释为所有可能的不同的 (i,j) 交互的数量。因此，对于具有相同的分离水平的起点—终点对 (i,j) 而言，按照等式（4.3），平均交互水平与这种 (i,j) 对之间的可能的交互数量成正比。指数 β 和 γ 分别表示起点效应和终点效应，并将其作为待估计的统计参数。如果起点和终点变量多于一个，则可以将上述等式扩展为

$$A(i) = A(i, \beta) = \prod_{q=1}^{Q} (A_{iq})^{\beta_q}, \quad i = 1, \cdots, n \tag{4.9}$$

$$B(j) = B(j, \gamma) = \prod_{r=1}^{R} (B_{jr})^{\gamma_r}, \quad j = 1, \cdots, n \tag{4.10}$$

其中 $A_{iq}(q = 1, \cdots, Q)$ 和 $B_{jr}(r = 1, \cdots, R)$ 代表一组（正）相关的特定起点和特定终点变量。指数 $\beta = (\beta_q: q = 1, \cdots, Q)$ 和 $\gamma = (\gamma_r: r = 1, \cdots, R)$ 是待估参数。

分离函数 $S(i,j)$ 是构成空间交互模型的核心。因此，文献中提出了一些替

代设置方式（Sen and Smith，1995，pp. 92-99）。一个典型的例子是幂函数

$$S(i, j) = S[D(i, j), \theta] = [D(i, j)]^{-\theta}, \quad i, j = 1, \cdots, n \qquad (4.11)$$

对于任何正标量分离测量函数 $D(i, j)$ 以及必须估计的正敏感度参数 θ 成立。注意，这种类型的函数方程对于小的分离值是存在问题的。实际上，由于 $D \to 0$ 意味着对于所有 $\theta > 0$ 都有 $D^{-\theta} \to \infty$，因而意味着交互分离值非常小的起点和终点位置之间的平均交互频率必须大于其他平均交互水平（Sen and Smith，1995，p. 94）。但是由于这种类型的交互一般没有被观测到，所以已经普遍认为当对涉及小的分离值的空间交互作用进行建模时，幂分离函数不是首选（Fotheringham and O'Kelly，1989，pp. 12-13）。

文献研究中引起极大兴趣的另一个方程是指数分离函数

$$S(i, j) = S[D(i, j), \theta] = \exp[-\theta D(i, j)], \quad i, j = 1, \cdots, n$$

$$(4.12)$$

其中，θ 可以再次解释为正的分离敏感度参数。当 $D(i, j)$ 增加时，$\exp[-\theta D(i, j)]$ 减小。θ 越大，减小得越快。但重要的是要强调，与幂方程（4.11）不同，参数 θ 必须是一个具有特定值的维度参数，并且取决于交互距离单元的选择（Sen and Smith，1995，p. 95）。换句话说，等式（4.12）是一个关于距离的参数化函数，当且仅当测量单位的所有变换都被纳入 θ 的定义中时它才有意义。注意，指数分离函数的重点在于从行为角度来看其理论意义（Sen and Smith，1995）。

分离（也称为阻碍）函数 $S(i, j)$ 反映了空间分离约束或阻碍跨空间运动的方式。一般来说，我们将其称为起点 i 和终点 j 之间的距离，并将其表示为 $D(i, j)$。在比例尺相对较大的地图上，这可能仅是以它们各自质心的距离来测度分离起点到终点的大圆弧的距离。在其他情况下，它可能是运输或旅行时间、交通成本、可预知的旅行时间或任何其他有意义的且用名义或分类变量来度量的距离，如政治距离、语言距离或文化距离。

为了研究空间分离的多种测量方法的可能性，等式（4.11）中的幂函数形式可以扩展为以下多元幂阻碍函数，对任意相关分离测量函数 $\{D^{(k)}(i, j): k =$

$1, \cdots, K\}$,

$$S(i, j) = \prod_{k=1}^{K} \left[D^{(k)}(i, j) \right]^{-\theta_k}, \ i, j = 1, \cdots, n \tag{4.13}$$

相应的分离敏感度向量为 $\theta = (\theta_k : k = 1, \cdots, K)$。

同样，对于任意相关分离测量函数 $D^{(k)}$，可以将等式（4.12）的指数分离函数扩展为多个变量的情形：

$$S(i, j) = \exp\left\{ -\sum_{k=1}^{K} \theta_k D^{(k)}(i, j) \right\}, \ i, j = 1, \cdots, n \tag{4.14}$$

分离敏感度向量为 $\theta = (\theta_k : k = 1, \cdots, K)$。

将等式（4.9）、等式（4.10）、等式（4.13）代入等式（4.3），可以得出多元幂空间交互模型：

$$\mu(i, j) = C \prod_{q=1}^{Q} (A_{iq})^{\beta_q} \prod_{r=1}^{R} (B_{jr})^{\gamma_r} \prod_{k=1}^{K} \left[D^{(k)}(i, j) \right]^{-\theta_k}, \ i, j = 1, \cdots, n \tag{4.15}$$

把等式（4.9）、等式（4.10）和等式（4.14）代入等式（4.3）可以得到多元指数空间交互模型：

$$\mu(i, j) = C \prod_{q=1}^{Q} (A_{iq})^{\beta_q} \prod_{r=1}^{R} (B_{jr})^{\gamma_r} \exp\left\{ -\sum_{k=1}^{K} \theta_k D^{(k)}(i, j) \right\}, \ i, j = 1, \cdots, n \tag{4.16}$$

若已经为 $\mu(i, j)$ 选择了特定的函数形式，例如，多元指数空间交互模型（4.16），就可以解决对一组观测流 $y(i, j)$ 数据的建模问题。需要记住的是可以把这些视为均值为 $\mu(i, j)$ 的随机变量 $Y(i, j)$ 的观测值。为了求 $\mu(i, j)$，将等式（4.16）代入等式（4.2）可以得出，对于 $i, j = 1, \cdots, n$ 而言

$$Y(i, j) = C \prod_{q=1}^{Q} (A_{iq})^{\beta_q} \prod_{r=1}^{R} (B_{jr})^{\gamma_r} \exp\left\{ -\sum_{k=1}^{K} \theta_k D^{(k)}(i, j) \right\} + \varepsilon(i, j) \tag{4.17}$$

从统计视角来看，用这种空间交互模型来拟合观测到的数据就是估计未知参数 $\beta = (\beta_1, \cdots, \beta_Q)'$，$\gamma = (\gamma_1, \cdots, \gamma_R)'$，$\theta = (\theta_1, \cdots, \theta_K)'$ 和固定标量的问题。

最小二乘法回归法 为了求 $\mu(i, j)$，首选方法就是对模型取对数，而且用线性形式写出来（Bailey and Gatrell，1995，p. 352）。对于 $i, j = 1, \cdots, n$，有

$$\ln Y(i, j) = \ln C + \sum_{q=1}^{Q} \beta_q A_{iq} + \sum_{r=1}^{R} \gamma_r B_{jr} - \sum_{k=1}^{K} \theta_k D^{(k)}(i, j) + \varepsilon'(i, j)$$

(4.18)

其中

$$\varepsilon'(i, j) \sim N(0, \sigma^2)$$

(4.19)

然后通过最小二乘法将观测值 $y(i, j)$ 对 $A(i)$，$B(j)$ 和 $D^{(k)}(i, j)$ 进行回归，得到估计参数。

但是这种方法有两个主要缺点。首先，回归得到的参数估计是基于交互项和解释变量的对数形式，而不是对交互项和变量本身的参数估计。其影响之一是低估了较大的起点—终点流数据以及其总数（Flowerdew and Aitkin，1982）。

其次，如果我们认为流数据 $Y(i, j)$ 关于方差为常数的均值呈现出独立的对数正态分布，则对由等式（4.18）和等式（4.19）给定的对数加总回归模型的参数进行估计也可能仅仅在统计上是合理的。然而，这样的假设显然是无效的，因为起点—终点流是离散的计数，其方差很可能与它们的平均值成比例。最小二乘假设忽略了起点—终点流的真实整数性质，通过连续分布来近似离散值，这个连续分布显然是错误的（Bailey and Gatrell，1995，p. 353）。因此，普通最小二乘回归估计及其标准误差可能会被严重扭曲。

4.4 广义泊松空间交互模型

在更现实的分布假设下，参数的最大似然估计通常被认为是更合适的方法。最常见的假设是，$Y(i, j)$ 遵循独立的泊松分布并且期望值 $\mu(i, j) =$

$A(i)B(j)S(i, j)$。然而这个假设也是存在问题的,因为起点—终点流数据不是严格独立的,而且对于现实世界的数据集,泊松分布无法反映其变化程度,因为在许多情境中,个体更倾向于在群组中流动,而不是在个体中流动。但是这种假设通常被认为能提供合理的参数估计,至少在第一种情况下如此(Bailey and Gatrell,1995,p. 353)。另一种方法是使用一些更能反映过度离散性的分布假设,我们将在 4.6 节讨论。

泊松空间交互模型的主要方程是泊松密度,其更正式的称呼是泊松概率质量函数:

$$\text{Prob}[Y(i, j) = y(i, j) \mid \mu(i, j)]$$

$$= \frac{\exp[-\mu(i, j)][\mu(i, j)]^{y(i, j)}}{y(i, j)!}, \; y(i, j) = 0, 1, 2, \cdots \text{且} \; i, j = 1, \cdots, n$$

$$(4.20)$$

其中,μ 是密度或者比率参数,通常被参数化为

$$\mu(i, j) = E[y(i, j) \mid A(i), B(j), S(i, j)]$$

$$= \exp[A(i, \beta)B(j, \gamma)S[D(i, j), \theta]], \; i, j = 1, \cdots, n \quad (4.21)$$

等式(4.21)的设定被称为指数平均参数化,其优势能够确保 $\mu > 0$。包含等式(4.20)和等式(4.21)的模型被称为广义泊松空间交互模型,因为起点、终点和分离因子尚未被指定(关于这些术语的函数方程见 4.3 节)。注意,$\mu(i, j)$ 是由 $A(i)$,$B(j)$ 和 $S(i, j)$ 确定的函数,模型中的随机性来自 $y(i, j)$ 的泊松函数设定。

该模型反映了泊松分布的等分(即均值和方差的均等化)性质,即

$$\text{var}[y(i, j) \mid A(i), B(j), S(i, j)]$$

$$= E[y(i, j) \mid A(i), B(j), S(i, j)] = \mu(i, j), \; i, j = 1, \cdots, n \quad (4.22)$$

它也意味着条件均值是 $E[y(i, j) \mid A(i), B(j), S(i, j)] = A(i, \beta)B(j, \gamma)S[D(i, j), \theta]$ 的连乘积形式。单一观测值 (i, j) 的泊松空间交互模型的密度为

$$f[y(i, j) \mid A(i), B(j), S(i, j), \beta, \gamma, \theta]$$

$$= \frac{\exp\{-\exp[A(i,\beta)B(j,\gamma)S[D(i,j),\theta]]\}\exp[A(i,\beta)B(j,\gamma)S[D(i,j),\theta]]}{y(i,j)!}$$

(4.23)

空间交互模型的泊松设定有一些有趣的特征。首先,它在许多方面类似于常见的回归方程。特别是对于 $i, j = 1, \cdots, n$ 而言,有 $E[y(i, j) \mid A(i), B(j), S(i, j)] = \mu(i, j)$。此外,参数估计是直接的,可以通过最大似然估计来完成(见 4.5 节)。其次,"零值问题",即 $y(i, j) = 0$ 是泊松设定的自然结果。与对数回归设定相反,不需要人为地截断一个连续分布。结果变量 $y(i, j)$ 的整数属性可以被直接处理(Fischer et al., 2006)。最后,值得注意的是,泊松空间交互模型只是一个非线性回归。

4.5 泊松空间交互模型的最大似然估计

因为每个 $Y(i, j)$ 都服从泊松分布并且所有的 $Y(i, j)$ 都是独立的,所以最大似然函数如下给定

$$L(\beta, \gamma, \theta) = \prod_{i=1}^{n}\prod_{j=1}^{n}\exp\left\{-A(i,\beta)B(j,\gamma)S[D(i,j),\theta]\Big[A(i,\beta)B(j,\gamma)\right.$$

$$\left. S[D(i,j),\theta]\Big]^{y(i,j)} \cdot \frac{1}{y(i,j)!}\right\}$$

(4.24)

$A(i, \beta)$,$B(j, \gamma)$ 和 θ 的值 $\hat{A}(i, \beta)$,$\hat{B}(j, \gamma)$ 和 $\hat{\theta}$ 能够最大化等式(4.24),被称为最大似然估计量。如果似然函数由 $\{\hat{A}(i, \beta), \hat{B}(j, \gamma), \hat{S}[D(i, j), \theta]\}$ 最大化,那么它的对数也会如此,似然函数的对数见等式(4.24)(Sen and Smith, 1995, pp. 359 - 361),它是一个指数阻碍函数等式(4.14)

$$\ln L(\beta, \gamma, \theta) = \sum_{i=1}^{n}\sum_{j=1}^{n}\{-A(i,\beta)B(j,\gamma)\exp[-\theta D(i,j)]$$

$$+ y(i,j)[\ln A(i,\beta) + \ln B(j,\gamma) - \theta D(i,j)] - \ln[y(i,j)!]\}$$

$$= \sum_{i=1}^{n}\sum_{j=1}^{n}\{-A(i,\beta)B(j,\gamma)\exp[-\theta D(i,j)]\}$$

$$+ \sum_{i=1}^{n} y(i,\cdot)\ln A(i,\beta) + \sum_{j=1}^{n} y(\cdot,j)\ln B(j,\gamma)$$

$$- \theta[D(i,j)y(i,j)] - \sum_{i=1}^{n}\sum_{j=1}^{n}\ln[y(i,j)!] \qquad (4.25)$$

其中

$$y(i,\cdot) = \sum_{j=1}^{n} y(i,j), \ i = 1,\cdots,n \qquad (4.26)$$

$$y(\cdot,j) = \sum_{i=1}^{n} y(i,j), \ j = 1,\cdots,n \qquad (4.27)$$

$\ln L(\beta,\gamma,\theta)$ 的偏导数为

$$\frac{\partial \ln L(\beta,\gamma,\theta)}{\partial \beta} = \sum_{j=1}^{n}\left\{-B(j,\gamma)\exp[-\theta D(i,j)] + \frac{y(i,j)}{A(i,\beta)}\right\}\frac{\partial A(i,\beta)}{\partial \beta}$$

$$= \frac{[y(i,\cdot) - \mu(i,\cdot)]}{A(i,\beta)}\frac{\partial A(i,\beta)}{\partial \beta}, \ i = 1,\cdots,n \qquad (4.28)$$

$$\frac{\partial \ln L(\beta,\gamma,\theta)}{\partial \gamma} = \sum_{i=1}^{n}\left\{-A(i,\beta)\exp[-\theta D(i,j)] + \frac{y(i,j)}{B(j,\gamma)}\right\}\frac{\partial B(j,\gamma)}{\partial \gamma}$$

$$= \frac{[y(\cdot,j) - \mu(\cdot,j)]}{B(j,\gamma)}\frac{\partial B(j,\gamma)}{\partial \gamma}, \ j = 1,\cdots,n \qquad (4.29)$$

$$\frac{\partial \ln L(\beta,\gamma,\theta)}{\partial \theta} = \sum_{i=1}^{n}\sum_{j=1}^{n}\{-D(i,j)A(i,\beta)B(j,\gamma)\exp[-\theta D(i,j)]$$

$$+ y(i,j)D(i,j)\} = \sum_{i=1}^{n}\sum_{j=1}^{n}D(i,j)[y(i,j) - \mu(i,j)]$$

$$(4.30)$$

其中

$$\mu(i,\cdot) = \sum_{j=1}^{n}\mu(i,j), \ i = 1,\cdots,n \qquad (4.31)$$

$$\mu(\cdot,j) = \sum_{i=1}^{n}\mu(i,j), \ j = 1,\cdots,n \qquad (4.32)$$

最大似然估计可以通过直接迭代过程来最大化 $\ln L(\phi = (\beta,\gamma,\theta))$ 而得到，通常采用牛顿-拉夫森梯度算法。另外，可以令 $\ln L(\phi)$ 的偏导数〔例如，等式

（4.28）至等式（4.30）] 等于 0，并且求解结果方程，

$$\mu(i, \cdot) = y(i, \cdot), \ i = 1, \cdots, n \tag{4.33}$$

$$\mu(\cdot, j) = y(\cdot, j), \ j = 1, \cdots, n \tag{4.34}$$

$$\sum_{i=1}^{n} \sum_{j=1}^{n} D(i, j)\mu(i, j) = \sum_{i=1}^{n} \sum_{j=1}^{n} D(i, j)y(i, j) \tag{4.35}$$

这可以保证收敛，因为似然函数的对数是全局的凹函数（Sen and Smith, 1995，pp. 359 – 361）。

最后，值得注意的是，最大似然估计的适用性并不限于广义泊松空间交互模型的指数分离函数形式。它对任何连续可微的分离函数 $S[D(i, j), \theta]$ 都适用，尽管关于 θ 的偏导数

$$\frac{\partial \ln L(\beta, \gamma, \theta)}{\partial \theta} = \frac{\partial S[D(i, j), \theta]}{\partial \theta} \frac{1}{S[D(i, j), \theta]}$$

$$\sum_{i=1}^{n} \sum_{j=1}^{n} \{-A(i, \beta)B(j, \gamma)S[D(i, j), \theta] + y(i, j)\}$$

$$\tag{4.36}$$

不一定产生类似于等式（4.33）至等式（4.35）中的简单方程（Sen and Smith, 1995，p. 361）。

4.6 泊松空间交互模型的一般化

空间交互的广义泊松模型是空间交互数据分析的主力。然而，该模型设定的一个缺陷是，对于起点—终点数据来说它的方差经常大于其均值，这个特征被称为过度离散。过度离散与线性回归模型中不满足同方差的情况相似。假定条件均值是正确设定的，即满足等式（4.21）的要求，泊松最大似然估计仍然是一致的。然而，重要的是要控制过度离散程度。即使在最简单的空间交互模

型设置中，过大的过度离散程度也会导致在一般的 ML 结果中出现标准误差和 t 统计值大幅缩小的情况（Cameron and Trivedi，2005，p. 670）。

解决过度离散的标准参数模型是负二项模型。假设随机变量 $Y(i, j)$ 的分布是参数为 λ 的泊松分布，因此，对于 $y(i, j) = 0, 1, 2, \cdots$ 和 $i, j = 1, \cdots, n$，其概率密度函数为

$$f[y(i, j) \mid \lambda(i, j)] = \frac{\exp[-\lambda(i, j)]\lambda(i, j)^{y(i, j)}}{y(i, j)!} \tag{4.37}$$

假定参数 λ 是随机的，而不是完全由 $A(i, \beta)$，$B(j, \gamma)$ 和 $S[D(i, j), \theta]$ 确定的函数。特别地，令 $\lambda = \mu \upsilon$，其中 μ 是由 $A(i, \beta)$，$B(j, \gamma)$ 和 $S[D(i, j), \theta]$ 确定的函数，例如，等式（4.21）给出的一个例子，当 $\upsilon > 0$ 时是独立同分布的且其密度为 $g(\upsilon \mid \alpha)$。这是不可观测的异质性的一个例子，因为不同的观测值可能具有不同的 λ（异质性），但这个差异的一部分是由随机（未观测到的）因子 υ 导致的。注意，如果 $E[\upsilon] = 1$，则 $E[\lambda \mid \mu] = \mu$，其参数 β，λ 和 θ 的解释与泊松空间交互模型中的一致。

变量 $y(i, j)$ 的边际密度，不以随机参数 υ 为条件，却以确定性参数 μ 和 α 为条件，通过对 υ 积分得到。因此

$$h[y(i, j) \mid \mu(i, j), \alpha] = \int_0^\infty f[(i, j), \upsilon]g(\upsilon \mid \alpha)\mathrm{d}\upsilon \tag{4.38}$$

$y(i, j) = 0, 1, 2, \cdots$ 且 $i, j = 1, \cdots, n$，其中 $g(\upsilon \mid \alpha)$ 被称为混合分布，α 表示混合分布的未知参数。积分定义了一个"平均"分布。如果 $f[y(i, j) \mid \mu(i, j)]$ 是泊松密度，则

$$g(\upsilon) = \frac{\upsilon^{\delta-1}\exp(-\upsilon\delta)\delta^\delta}{\Gamma(\delta)} \tag{4.39}$$

其中，υ 和 $\delta > 0$ 是 $E[\upsilon] = 1$ 且 $\mathrm{var}[\upsilon] = \delta^{-1}$ 的伽马密度，我们把得到的负二项式作为混合密度

$$h[y(i, j) \mid \mu(i, j), \delta]$$
$$= \int_0^\infty \frac{\exp[-\mu(i, j)\upsilon][\mu(i, j)\upsilon]^{-y(i, j)}}{y(i, j)!} \frac{\upsilon^{\delta-1}\exp(-\upsilon\delta)\delta^\delta}{\Gamma(\delta)}\mathrm{d}\upsilon$$

$$= \frac{\mu(i,j)^{y(i,j)} \delta^{\delta} \Gamma[y(i,j)+\delta]}{\Gamma(\delta) y(i,j)! [\mu(i,j)+\delta]^{y(i,j)+\delta}}$$

$$= \frac{\Gamma[\alpha^{-1}+y(i,j)]}{\Gamma(\alpha)^{-1} \Gamma[y(i,j)+1]} \left(\frac{\alpha^{-1}}{\alpha^{-1}+\mu(i,j)}\right)^{1/\alpha} \left(\frac{\mu(i,j)}{\mu(i,j)+\alpha^{-1}}\right)^{y(i,j)}$$

$$(4.40)$$

$y(i,j)=0,1,2,\cdots$ 且 $i,j=1,\cdots,n$，其中 $\alpha=\delta^{-1}$，$\Gamma(\cdot)$ 表示伽马积分，其专门用于整数参数阶乘，而第三行遵循一些代数的定义并且使用伽马函数的定义（Cameron and Trivedi，2005，pp.673-676）。

等式（4.40）以及等式（4.37）~等式（4.39）被称为空间交互的负二项模型。这个模型的前两个矩为

$$E[y(i,j) \mid \mu(i,j), \alpha] = \mu(i,j) \tag{4.41}$$

$$\mathrm{var}[y(i,j) \mid \mu(i,j), \alpha] = \mu(i,j)[1+\alpha\mu(i,j)] \tag{4.42}$$

因此，该模型允许过度离散（即 $\alpha>0$）和过度集聚（即 $\alpha<0$），这里若令 $\alpha=0$，其就成为泊松模型等式（4.20）和等式（4.21）。

这个模型可以进行最大似然估计。指数形式的参数 $\mu(i,j)$ 的对数似然函数（Cameron and Trivedi，1998，p.71）如下给出

$$\begin{aligned}
\ln L(\alpha, \beta, \gamma, \theta) = \sum_{i=1}^{n} \sum_{j=1}^{n} &\left\{ \ln\left[\frac{\Gamma[y(i,j)+\alpha^{-1}]}{\Gamma(\alpha^{-1})}\right] - \ln y(i,j)! - [y(i,j) \right.\\
&+ \alpha^{-1}]\ln[1+\alpha\exp[A(i,\beta)B(j,\gamma)S[D(i,j),\theta]]]\\
&\left. + y(i,j)\ln\alpha + y(i,j)[A(i,\beta)B(j,\gamma)S[D(i,j),\theta]]\right\}
\end{aligned}$$

$$(4.43)$$

Fischer et al.（2006）给出了一个应用的例子。作者发现负二项空间交互模型非常有用。它具有灵活性，能提供良好拟合，部分原因是在许多应用中，二次方差形式是很好的近似。最后，值得注意的是，几个软件包将负二项模型作为标准选项。另外，可以使用用户提供的 ML 程序来求对数似然函数及导数（Cameron and Trivedi，1998，p.27）。

第五章

空间交互模型
和空间相关

摘要： 在前面的章节中已经讨论论过的空间交互模型认为，通过在起点和终点位置之间包含空间分离函数就能看出任何样本数据中的空间相关。LeSage 和 Pace（J Reg Sci 48（5）：941 - 967，2008）以及 Fischer 和 Griffith（J Reg Sci 48（5）：969 - 989，2008）通过理论以及实证，证明这不足以对空间相关可能产生的潜在丰富模式进行建模。在本章中，我们考虑三种处理起点—终点流空间相关的方法。两种方法是将空间相关结构纳入独立（对数正态）空间交互模型。第一种方法是指定一个（一阶）空间自回归过程来控制空间交互变量 [参见 LeSage 和 Pace（J Reg Sci 48（5）：941 - 967，2008）]。第二种解决空间相关的方法是通过为干扰项指定空间过程，构造一个遵循（一阶）空间自回归的过程。在这个框架中，空间相关存在于扰动过程中 [参见 Fischer 和 Griffith（J Reg Sci 48（5）：969 - 989，2008）]。最后一种方法是使用由 Griffith（*Spatial autocorrelation and spatial filtering*，Springer，Berlin，Heidelberg and New York，2003）开发的用于区域数据的空间滤波方法，并根据对数正态空间交互模型或泊松空间交互模型来确定空间滤波方程的特征函数 [见 Fischer 和

Griffith（J Reg Sci 48（5）：969 - 989，2008）]。

关键词：起点—终点流数据；独立（对数正态）空间交互模型；基于起点的空间相关；基于终点的空间相关；基于起点—终点的空间相关；独立空间交互模型的计量经济学扩展；空间滤波方法；基于空间滤波模型设定的特征函数

空间数据分析：模型、方法与技术

66

5.1 独立(对数正态)空间交互模型的矩阵表示

回想一下，Y代表起点—终点流数据的$n \times n$阶矩阵（见等式（4.1）），其中n行代表不同的起点，n列代表不同的终点。矩阵主对角线上的元素代表位置内部的流，并且我们用$N = n^2$来简单表示矩阵中元素的数量。

如表5.1所示，我们得到反映以起点为中心的顺序矩阵的流的$N \times 1$维向量。二值标签表示了整体索引中$1, \cdots, N$的顺序。构造的向量表示为$y = vec(Y)$，其中$vec(\cdot)$是运算符，通过把矩阵按照列的顺序，一列接一列地组成一个长向量，将矩阵转化为向量，如表5.1所示。叠加向量y中的前n个元素反映了从起点区域$i = 1$到所有终点n的流，而后n个元素反映了从起点区域$i = n$到终点$1, \cdots, n$的流。

用矩阵表示的空间交互模型需要两组解释变量的矩阵。一个是Q个特定起点变量A_q（$q = 1, \cdots, Q$）的$N \times Q$阶矩阵，记作X_o。该矩阵是Q个解释变量的一个$n \times Q$阶矩阵X，它利用$X_o = X \otimes l_n$重复了n次，其中l_n是一个$n \times 1$维的值为1的向量。矩阵克罗内克积$\otimes$是把右边参数l_n乘以矩阵X中的每个元素，对这些解释变量可以重复这一过程，因为它们与作为起点的观测值相关。具体而言，矩阵乘积重复第一个位置的起点特征以形成前n行，重复第二个位置的起点特征n次以形成下一个n行，依此类推（见表5.1），形成$N \times Q$阶矩阵X_o（LeSage and Fischer，2010，p. 414）。

另一个矩阵是$N \times R$阶矩阵$X_d = l_n \otimes \tilde{X}$，它代表了$n$个终点位置具有$R$个特定终点特征的矩阵。克罗内克积通过重复$n$次，即可以对$R$个变量的$n \times R$阶矩阵重复这一过程，可得$B_r$（$R = 1, \cdots, R$），它是一个$N \times R$阶矩阵，代表终点特征（见表5.1），我们记为$X_d$。

对于两个解释变量矩阵 X_o 和 X_d，$N \times 1$ 维向量 $\tilde{D}$ 表示包含在模型中的每个起点—终点之间的距离（空间分离）。令 $\tilde{D} = vec(D)$，就可以构成这个向量，这里的 D 表示 $n \times n$ 阶距离矩阵，$vec(\cdot)$ 是一个算子，它通过堆积矩阵的列，把距离转换成一个 $n \times 1$ 维向量。通过叠加矩阵的行将距离矩阵变成 $N \times 1$ 维向量，如表 5.1 所示（LeSage and Fischer，2010，p.415）。

表 5.1 以起点为中心的起点—终点流方案

二元值标签	起点 ID	终点 ID	流	起点变量	终点变量	距离变量
1	1	1	$y(1,1)$	$A_1(1) \cdots A_Q(1)$	$B_1(1) \cdots B_R(1)$	$D(1,1)$
$\vdots$	$\vdots$	$\vdots$	$\vdots$	$\vdots$		$\vdots$
n	1	n	$y(1,n)$	$A_1(1) \cdots A_Q(1)$	$B_1(n) \cdots B_R(n)$	$D(1,n)$
$n+1$	2	1	$y(2,1)$	$A_1(2) \cdots A_Q(2)$	$B_1(1) \cdots B_R(1)$	$D(2,1)$
$\vdots$	$\vdots$	$\vdots$	$\vdots$	$\vdots$		$\vdots$
$2n$	2	n	$y(2,n)$	$A_1(2) \cdots A_Q(2)$	$B_1(n) \cdots B_R(n)$	$D(2,n)$
$\vdots$	$\vdots$	$\vdots$	$\vdots$			$\vdots$
$N-n+1$	n	1	$y(n,1)$	$A_1(n) \cdots A_Q(n)$	$B_1(1) \cdots B_R(1)$	$D(n,1)$
$\vdots$	$\vdots$	$\vdots$	$\vdots$			$\vdots$
N	n	n	$y(n,n)$	$A_1(n) \cdots A_Q(n)$	$B_1(n) \cdots B_R(n)$	$D(n,n)$

假设分离函数［见等式（4.11）］为单变量幂函数的形式，则对数可加的（幂形式的阻碍函数）空间交互模型可以用矩阵表示法（所有变量都采用对数形式）写为

$$y = \alpha l_N + X_o \beta + X_d \gamma - \theta \tilde{D} + \varepsilon' \qquad (5.1)$$

其中

y：$N \times 1$ 维起点—终点流向量；

X_o：Q 个特定起点变量的 $N \times Q$ 阶矩阵，这些变量描述了从起点位置产生流的能力；

β：反映起点效应的 $Q \times 1$ 维参数向量；

X_d：R 个特定终点向量的 $N \times R$ 阶矩阵，这些变量反映了终点位置的吸引力；

γ：反映终点效应的 $R \times 1$ 维参数向量；

$\tilde{D}$：起点和终点间的 $N \times 1$ 维距离（分离）向量；

θ：反映距离（分离）效应的相关标量参数；

l_N：值为 1 的 $N \times 1$ 维向量；

α：l_N 的常数项参数；

ε'：零均值、等方差的 $N \times 1$ 维正态分布干扰项的向量。

这种空间交互模型基于起点—终点流的独立性假设，并被称为独立（对数正态）空间交互模型，因为所有变量都采用对数形式。独立意味着：（ⅰ）从起点 i 到终点 j 的个体流是相互独立的；（ⅱ）任何一对位置 (i, j) 的总体交互流和另外一对位置 (r, s)，$r \neq i$, $s \neq j$ 之间的流动是独立的。

正如 4.3 节已经指出的那样，如果我们相信 $Y(i, j)$ 是独立的、方差固定且关于均值服从对数正态分布，那么用 OLS 方法得到的估计参数 α、β、γ 和 θ 在统计学上是可以判断的。然而，这样的假设显然是无效的，因为 OD 流是离散计数，其方差很可能与其均值成比例。最小二乘假设忽略了 OD 流的真实整数性质，并且用错误的连续分布来近似离散值过程（Bailey and Gatrell, 1995, p. 353）。因此，OLS 回归估计及其标准误差可能会被严重扭曲。

5.2　独立空间交互模型的计量经济学扩展

观测值独立的对数正态空间交互模型可能意味着它不能解释起点—终点流在空间上的丰富程度（LeSage and Pace, 2008）。为了增强这个模型，我们将传统的对起点—终点流的独立假设替换为更正式的允许流之间存在空间相关的方法。

具体来说，我们用三种类型的空间相关来扩展模型：基于起点的相关、基于终点的相关以及基于起点—终点的相关。第一种类型的空间相关反映导致从任何起点位置流向特定终点位置的力量可能从邻近起点位置产生类似的流。第二种类型反映从任何起点位置流向特定终点位置的力量可能从邻近终点位置产生类似的流。第三种是基于起点的相关和基于终点的相关的结合（LeSage and Pace，2009，p. 215）。

将这些类型的空间相关与等式（5.1）给出的对数正态空间交互模型结合起来有两种方法。

第一种方法　处理起点—终点流之间的空间相关关系的第一种方法是指定一个（一阶）空间自回归过程来控制空间交互变量 y。这种方法产生了基于等式（5.1）的空间自回归模型的扩展形式（LeSage and Pace，2008）。

$$y = \rho_o W_o y + \rho_d W_d y + \rho_w W_w y + \alpha l_N + X_o \beta + X_d \gamma - \theta \widetilde{D} + \varepsilon' \qquad (5.2)$$

$$\varepsilon' \sim N(0, \sigma^2 I_N) \qquad (5.3)$$

这个模型考虑到了基于起点、基于终点以及基于起点—终点的空间相关关系。

$N \times N$ 阶空间权重矩阵 $W_o = W \otimes I_n$ 用来构造空间滞后向量 $W_o y$，它表示由观测值 y_{ij} 和 y_{rj} 产生的基于起点的空间相关的流动，其中 i 和 $r(r \neq i)$ 代表邻近起点位置。$n \times n$ 阶空间权重矩阵 W 是非负的，对角线元素为 0 以避免出现一个位置是其自身的近邻的情况。近邻可以使用邻域或其他空间邻近的度量方法来定义，例如基数距离（例如，公里）和序数距离（例如，六个最近的近邻），更多细节详见 2.2 节。空间权重矩阵 W 被标准化为行和为 1，用它对等式（5.2）给定的模型中来自近邻的流数进行线性组合。

如表 5.1 所示，给定以起点为中心的样本数据，空间权重矩阵 $W_o = W \otimes I_n$ 会产生 $N \times 1$ 维向量 $W_o y$，它包含了邻近位置每个被视为起点所产生的流的线性组合。在邻近权重相等的情况下，我们将得到相邻起点—终点流的未加权平均值。

类似地，通过使用权重矩阵 $W_d = I_n \otimes W$ 构建自变量的空间滞后项，产生 $N \times 1$ 维向量 $W_d y$，通过观测值 y_{ij} 和 y_{is} 的流的线性组合来描绘基于终点的空间相关，其中 j 和 $s(s \neq j)$ 代表邻近终点位置。最后，一个 $N \times N$ 阶空间权重矩阵 $W_w = W \otimes W$ 可以用来构成空间滞后向量 $W_w y$，利用既包含起点位置也包含终点位置相邻的线性组合来描述基于起点—终点的空间相关（LeSage and Pace，2008）。

值得注意的是，模型设定等式（5.2）～等式（5.3）包含很多不同且更具体的空间计量经济学交互模型。这些模型方程来自对参数的各种限制（LeSage and Pace，2008）：（ⅰ）限制 $\rho_o = \rho_d = \rho_w = 0$，产生由等式（5.1）给出的空间交互的独立对数正态模型；（ⅱ）限制 $\rho_d = \rho_w = 0$，产生基于空间权重矩阵 W_o 的空间交互模型，反映起点自回归空间相关性；（ⅲ）限制 $\rho_o = \rho_w = 0$，产生基于权重矩阵 W_w 的空间交互模型，反映终点自回归空间相关性；（ⅳ）限制 $\rho_o = \rho_d = 0$，产生单个权重矩阵 W_w，此时空间交互模型解释了起点和终点近邻之间交互的相关性（LeSage and Fischer，2010）。

基于参数 α、β、γ、θ 和 σ^2 的空间交互模型的对数似然函数等式（5.2）如下：

$$\ln L_{con}(\rho_o,\rho_d,\rho_w) = \kappa + \ln|I_N - \rho_o W_o - \rho_d W_d - \rho_w W_w| - \frac{N}{2}\ln T(\rho_o,\rho_d,\rho_w)$$

$$(5.4)$$

其中，$T(\rho_o,\rho_d,\rho_w)$ 为残差平方和，在消除参数 α，β，γ，θ 和 σ^2 之后，其可表示为标量相关参数的函数，κ 表示不依赖于 ρ_o，ρ_d 和 ρ_w 的常数（LeSage and Pace，2008）。

基于单个空间权重矩阵（W_o，W_d 或者 W_w）的模型设定可以使用数值海塞方法的标准最大似然法来计算离散程度及 t 统计量的估计值。另外，困扰 ML 估计方法的问题，即模型的观测值数量 N 相当大时，可以通过 Smirnov 和 Anselin（2001）、Pace 和 LeSage（2004，2009）以及 LeSage 和 Pace（2008）提出的特定方法来解决，即当 $h = o$，d，w 时，计算 $N \times N$ 阶对数行列式 $\ln|I_N - \rho_h W_h|$。

当估计多于一个空间相关参数的广义模型时，需要用到 LeSage 和 Pace（2008）提出的特定算法，一个实例见本书中关于州级人口迁移流的例子的说明。

第二种方法　处理起点—终点流的空间相关的第二种方法是为干扰项指定一个空间过程，其结构要遵循（一阶）空间自回归过程（Fischer and Griffith，2008）。可以使用标准最大似然法估计此方程。在这个框架中，空间相关关系存在于干扰项的生成过程，如时间序列回归模型中的序列相关的情况。

具体来说，在这种类型的模型设定中，其最一般的形式如下（LeSage and

Fischer，2010）

$$y = \alpha l_N + X_o\beta + X_d\gamma - \theta\widetilde{D} + u \qquad (5.5)$$

$$u = \rho_o W_o u + \rho_d W_d u + \rho_w W_w u + \varepsilon' \qquad (5.6)$$

$$\varepsilon' \sim N(0, \sigma^2 I_N) \qquad (5.7)$$

其中，空间滞后的定义涉及等式（5.6）中的干扰项 $W_o u$、$W_d u$、$W_w u$，类似于等式（5.2）中的独立变量的空间滞后。

可以对等式（5.6）给出的一般方程施加限制来构建更简单的模型。例如，我们可以设定干扰项如下：

$$u = \rho\widetilde{W}u + \varepsilon' \qquad (5.8)$$

$$\varepsilon' \sim N(0, \sigma^2 I_N) \qquad (5.9)$$

将基于起点和基于终点的空间相关合并，即产生了包含 W_o 和 W_d 之和的单一（行标准化）空间权重矩阵 $\widetilde{W}$，而且 W_o 和 W_d 是行标准化的，将产生反映干扰项空间滞后的单一向量 $\widetilde{W}u$。这个等式也将干扰项中基于起点到终点的空间相关设置为零，因此 ρ_w 被设置为零。

如等式（5.5）以及等式（5.8）和等式（5.9）所示，更为简单的模型的优点是，估计空间误差模型的常规软件可以用来计算参数 ρ、α、β、γ 和 θ。

对涉及多个单一空间相关参数的一般模型进行估计需要用到 LeSage 和 Pace（2008）中提出的特定算法。这些需要对对数似然函数关于参数 α, β, γ, θ 和 σ^2 进行最大化，导致 ρ_o, ρ_d 和 ρ_w 中不止一个相关参数的优化问题（LeSage and Fischer，2010）。

对干扰项的空间相关关系建模时需要注意的是，系数估计 α, β, γ 和 θ 将渐近地等于最小二乘估计的系数。但是对干扰项的空间相关建模会提高优化效率。

零流量问题　评估空间计量经济学交互模型时，在实际应用中可能会出现一些问题（LeSage and Fischer，2010）。要特别关注所谓的零流量问题，它涉及大量的零流量的存在。当分析中使用更精细的空间单位收集的样本数据时，会出现此问题。

在上一章讨论的泊松模型方程的情况下，零流量不存在严重问题，但在对数正态空间交互模型及其扩展模型的情况下必须进行明确处理。大量的零流量使得运用最小二乘方法估计独立（对数正态）模型失效，也使得运用最大似然方法估计独立模型的空间扩展失效。这是因为大部分因变量的观测值的零值使回归模型中推断所需的正态性假设和最大似然法的有效性失效（LeSage and Fischer，2010，p.427）。

尽管如此，仍然可以发现很多独立对数正态模型的应用范例。例如，为了满足对数转换的需要，把观测值加上一个很小的正数，如0.5或者1，从而对被解释变量进行修正。但这忽略了流动分布的离散性质，而且可能对模型的系数估计和解释力产生相当大的影响（Flowerdew and Aitkin，1982）。

5.3　空间交互模型的空间滤波

解决起点—终点数据的空间相关的另一种方法是使用 Griffith（2003）为区域数据提出的空间滤波方法。该方法需要引入适当的虚拟协变量，作为空间自相关缺失起点和终点变量的代理变量。这些合成变量被构造成从被转换的空间权重矩阵 W 中提取的特征向量的线性组合，其形式如下：

$$(I_n - l_n l'_n n^{-1})W(I_n - l_n l'_n n^{-1}) \qquad (5.10)$$

其中 $(I_n - l_n l'_n n^{-1})$ 是投影矩阵，W 是 $n \times n$ 阶二进制空间邻近矩阵，I_n 是 $n \times n$ 阶单位矩阵，l_n 是 $n \times 1$ 维单位向量。

Tiefelsdorf 和 Boots（1995）表明，等式（5.10）的所有特征值都与 Moran I 值相关，矩阵（5.10）的秩为 $n-1$，因此有 $n-1$ 个特征值，它们与 $n-1$ 个相互正交且不相关的轴相关，这些轴以根据 Moran I 度量的条件最大全局空间自相关为条件。第 n 个特征向量，例如 E_n（其特征值为零）与单位向量成正比。第一个特征向量 E_1 度量的是最大全局空间自相关，第二个特征向量 E_2 度量的是除了第 1 个特征向量之外的其余特征向量的最大全局空间自相关，依此类推。详情参见 Tiefelsdorf 和 Boots（1995）。

用来描述所有可能的相互正交且不相关的地图模式的这 n 个特征向量可以解释为合成的地图变量，它反映了空间相关的类型（即正或负）和强度（如可忽略、弱、中等、强）。所以，如果在一个分析中存在空间自相关，那么可以通过这些特征向量的描述来代表它（Griffith，2010）。

从操作的角度，只有 n 个特征根的一个子集满足 I/I_{max} 大于 0.25，其中 I_{max} 是 Moran I 统计量的最大可能值。一旦计算了特征向量，就可以使用逐步选择程序来判断统计上是否显著。关于特征向量选择和实现策略的更多细节参见 Griffith（2002，2004），而关于特征向量与二进制邻近矩阵之间关系的讨论参见 Tiefelsdorf 和 Griffith（2007）。

基于逐步选择标准的特征根空间滤波方法将统计上显著的特征向量的最小充分集合作为缺失的起点和终点变量的代理变量，其目的就是通过引致交互二值误差相关性考虑到观测值之间的空间自相关。

基于空间滤波方法的直觉就是，我们可以借助对 $n \times n$ 阶二进制空间权重矩阵 W 的特征函数分解，用空间自回归过程的近似来代替控制特定起点和特定终点效应的空间自回归结构。也就是说，

$$W = E \Lambda E' \tag{5.11}$$

其中，E 是 $n \times n$ 阶矩阵，其中第 k 列是基础特征向量 E_p，Λ 是对角矩阵，其对角线元素是相应的特征值 w_p。通过上述阈值从全集去除那些特征向量来实现近似估计。

假设等式（4.7）、等式（4.8）和等式（4.14）导致空间交互模型的设定是正确的，则等式（4.3）的空间滤波方程为

$$\mu(i, j) = C \exp\left[\sum_{q=1}^{Q'} E_{iq} \psi_q\right] (A_i)^{\beta} \exp\left[\sum_{r=1}^{R'} E_{jr} \varphi_r\right] (B_j)^{\gamma}$$

$$\exp\left[-\sum_{k=1}^{K}\theta_k D^{(k)}(i,j)\right], i,j=1,\cdots,n \qquad (5.12)$$

其中，$\mu(i,j)$、$D^{(k)}(i,j)$、A_i、B_j、C、β、γ 和 θ_k 的定义如上文（见第四章）。Q' 和 R' 表示特征值 E_{iq} 和 E_{jr} 的数量，E_{iq} 和 E_{jr} 分别表示流出起点或者流入终点。ψ_q 和 φ_r 分别表示构成起点和终点空间滤波的特征值的线性组合的系数，即

$$\sum_{q=1}^{Q'} E_{iq}\psi_q, i=1,\cdots,n \qquad (5.13)$$

$$\sum_{r=1}^{R'} E_{jr}\varphi_r, j=1,\cdots,n \qquad (5.14)$$

这些空间滤波是特征向量的线性组合，并且表示缺失的起点和终点变量的空间自相关成分，$\psi_q(q=1,\cdots,Q')$ 和 $\varphi_r(r=1,\cdots,R')$ 是回归系数，它们表明每个不同的地图模式在解释空间自相关的流量结构时的重要性。

空间滤波模型设定等式（5.12）可以采用对数加法形式，等价表示为

$$\mu(i,j)=\ln C+\sum_{q=1}^{Q'} E_{iq}\psi_q+\beta\ln A_i+\sum_{r=1}^{R'} E_{jr}\varphi_r+\gamma\ln B_j-\sum_{k=1}^{K}\theta_k D^{(k)}(i,j)$$

$$(5.15)$$

其目的是将它与独立（对数正态）空间交互模型连接起来 ［参考等式（5.1）］。

可以使用 OLS 来估计交互效应的对数正态加法模型中的参数。线性回归分析的所有常规诊断统计量都可以对此进行计算和解释，且不必对其进行空间调整。空间滤波模型的主要数学难题是必须计算特征函数，这是一个在更大的空间交互模型中难以避免的计算任务（即 n 较大）。

值得注意的是，将等式（5.11）代入等式（4.20）和等式（4.40）就会产生 4.4 节和 4.6 节中描述的泊松和负二项空间交互模型的空间滤波模型。参数估计可以通过最大似然法得到（参考 4.5 节）。该方法可以通过 SAS 或 S-PLUS 实现。Griffith（2009）给出了一个使用德国 NUTS-3 地区的通勤流的应用实例，而 Fischer 和 Griffith（2008）给出了另外一个使用欧洲 NUT-2 地区专利引用的例子。

参考文献

Anselin L (2009). Spatial regression. In: Fotheringham AS, Rogerson PA (eds) The SAGE handbook of spatial analysis. Sage, Los Angeles and London, pp. 255 - 276

Anselin L (2006). Spatial econometrics. In: Mills T, Patterson K (eds) Palgrave handbook of econometrics: Econometric theory, vol 1. Palgrave Macmillan, Basingstoke, pp. 961 - 969

Anselin L (2003a). Under the hood. Issues in the specification and interpretation of spatial regression models. Agric Econ 27 (3): 247 - 267

Anselin L (2003b). Spatial econometrics. In: Baltagi BH (ed) A companion to theoretical econometrics. Blackwell, Oxford, pp. 310 - 330

Anselin L (1996). The Moran scatterplot as an ESDA tool to assess local instability in spatial association. In: Fischer MM, Scholten HJ, Unwin D (eds) Spatial analytical perspectives on GIS. Taylor & Francis, London, pp. 111 - 125

Anselin L (1995). Local indicators of spatial association—LISA. Geogr Anal 27 （2）：93 – 115

Anselin L （1993）. Discrete space autoregressive models. In：Goodchild MF, Parks BO, Steyaert ET （eds） Environmental modeling with GIS. Oxford University Press, New York and Oxford, pp. 454 – 469

Anselin L （1988a）. Lagrange multiplier test diagnostics for spatial dependence and spatial heterogeneity. Geogr Anal 20 （1）：1 – 17

Anselin L （1988b）. Spatial econometrics：methods and models. Kluwer, Dordrecht

Anselin L, LeGallo J （2006）. Interpolation of air quality measures in hedonic house price models：spatial aspects. Spatial Econ Anal 1 （1）：31 – 52

Anselin L, Rey SJ （1991）. Properties of tests for spatial dependence in linear regression models. Geogr Anal 23 （2）：112 – 131

Anselin L, Syabri I, Kho Y （2010）. GeoDa：an introduction to spatial data analysis. In：Fischer MM, Getis A （eds） Handbook of applied spatial analysis. Software tools, methods and applications. Springer, Berlin, pp. 73 – 89

Anselin L, Bera A, Florax RJ, Yoon M （1996）. Simple diagnostic tests for spatial dependence. Reg Sci Urban Econ 26 （1）：77 – 104

Bailey TC, Gatrell AC （1995）. Interactive spatial data analysis. Addison-Wesley Longman, Essex

Barry R, Pace RK （1999）. A Monte Carlo estimator of the log determinant of large sparse matrices. Linear Algebra Appl 289：41 – 54

Baumann J, Fischer MM, Schubert U （1983）. A multiregional labour supply model for Austria：the effects of different regionalizations in multiregional labour market modelling. Papers. Reg Sci Assoc 52 （1）：53 – 83

Bivand RS （2010）. Exploratory spatial data analysis. In：Fischer MM, Getis A （eds） Handbook of applied spatial analysis. Software tools, methods

参
考
文
献

and applications. Springer, Berlin, pp. 219 – 254

Bivand RS, Gebhardt A (2000). Implementing functions for spatial statistical analysis using the R language. J Geogr Syst 2 (3): 307 – 317

Bivand RS, Pebesma EJ, Gómez-Rubio V (2008). Applied spatial data analysis with R. Springer, Berlin

Burridge P (1980). On the Cliff-Ord test for spatial autocorrelation. J Royal Stat Soc B 42 (1): 107 – 108

Cameron AC, Trivedi PK (2005). Microeconometrics. Methods and applications. Cambridge University Press, Cambridge

Cameron AC, Trivedi PK (1998). Regression analysis of count data. Cambridge University Press, Cambridge

Cliff AD, Ord JK (1981). Spatial processes: models and applications. Pion, London

Cliff AD, Ord JK (1973). Spatial autocorrelation. Pion, London

Cliff AD, Ord JK (1972). Testing for spatial autocorrelation among regression residuals. Geogr Anal 4 (3): 267 – 284

Cressie NAC (1993). Statistics for spatial data (revised edition). Wiley, New York, Chichester, Toronto and Brisbane

Demšar U (2009). Geovisualisation and geovisual analytics. In: Fotheringham AS, Rogerson PA (eds) The SAGE handbook of spatial analysis. Sage, Los Angeles and London, pp. 41 – 62

Fingleton B, López-Bazo E (2006). Empirical growth models with spatial effects. Pap Reg Sci 85 (2): 177 – 198

Fischer MM (2010). Spatial interaction models. In: Wharf B (ed) Encyclopedia of geography. Sage, London, pp. 2645 – 2647

Fischer MM (2002). Learning in neural spatial interaction models: a sta-

空间数据分析：模型、方法与技术

tistical perspective. J Geogr Syst 4 (3): 287 - 299

Fischer MM (2001). Spatial analysis in geography. In: Smelser NJ, Baltes PB (eds) International Encyclopedia of the Social and Behavioral Sciences, vol 22. Elsevier, Oxford, pp. 14752 - 14758

Fischer MM (2000). Spatial interaction models and the role of geographical information systems. In: Fotheringham AS, Wegener M (eds) Spatial models and GIS. New potential and new models. Taylor & Francis, London, pp. 33 - 43

Fischer MM, Getis A (eds) (2010). Handbook of applied spatial analysis. Software tools, methods and applications. Springer, Berlin

Fischer MM, Griffith DA (2008). Modeling spatial autocorrelation in spatial interaction data: an application to patent citation data in the European Union. J Reg Sci 48 (5): 969 - 989

Fischer MM, Reggiani A (2004). Spatial interaction models: from gravity to the neural network approach. In: Cappello R, Nijkamp P (eds) Urban dynamics and growth. Elsevier, Amsterdam, pp. 319 - 346

Fischer MM, Reismann M (2002). A methodology for neural spatial interaction modeling. Geogr Anal 34 (3): 207 - 228

Fischer MM, Reismann M, Scherngell T (2006). The geography of knowledge spillovers in Europe—evidence from a model of interregional patent citations in high-tech industries. Geogr Anal 38 (3): 288 - 309

Fischer MM, Scherngell T, Jansenberger E (2009a). Geographic localization of knowledge spillovers: evidence from high-tech patent citations in Europe. Ann Reg Sci 43 (4): 839 - 858

Fischer MM, Bartkowska M, Riedl A, Sardadvar S, Kunnert A (2009b). The impact of human capital on regional labour productivity in Europe. Lett Spatial Resour Sci 2 (2 - 3): 97 - 108

参考文献

Florax RJGM, Folmer H (1992). Specification and estimation of spatial linear regression models: Monte Carlo evaluation of pre-test estimators. Reg Sci Urban Econ 22 (3): 405 - 432

Florax RJGM, Folmer H, Rey SJ (2003). Specification searches in spatial econometrics: the relevance of Hendry's methodology. Reg Sci Urban Econ 33 (5): 557 - 579

Flowerdew R, Aitkin M (1982). A method of fitting the gravity model based on the Poisson distribution. J Reg Sci 22 (2): 191 - 202

Fotheringham AS, O'Kelly ME (1989). Spatial interaction models: formulations and applications. Kluwer, Dordrecht

Fortin M-J, Dale MRT (2009). Spatial autocorrelation. In: Fotheringham AS, Rogerson PA (eds) The SAGE handbook of spatial analysis. Sage, Los Angeles and London, pp. 89 - 103

Getis A (2010). Spatial autocorrelation. In: Fischer MM, Getis A (eds) Handbook of applied spatial analysis. Software tools, methods and applications. Springer, Berlin, pp. 255 - 278

Getis A (1995). The tyranny of data. Tenth University Research Lecture, San Diego State University. San Diego State University Press

Getis A, Griffith DA (2002). Comparative spatial filtering in regression analysis. Geogr Anal 34 (2): 130 - 140

Getis A, Ord JK (1996). Local spatial statistics: an overview. In: Longley P, Batty M (eds) Spatial analysis: modelling in a GIS environment. John Wiley & Sons, New York, pp. 261 - 277

Getis A, Ord JK (1992). The analysis of spatial association by distance statistics. Geogr Anal 24 (3): 189 - 206

Griffith DA (2010). Spatial filtering. In: Fischer MM, Getis A (eds)

Handbook of applied spatial analysis. Software tools, methods and applications. Springer, Berlin, pp. 301 – 318

Griffith DA (2009). Modeling spatial autocorrelation in spatial interaction data: empirical evidence for 2002 Germany journey-to-work flows. J Geogr Syst 11 (2): 117 – 140

Griffith DA (2007). Spatial structure and spatial interaction: 25 years later. Rev Reg Stud 37 (1): 28 – 38

Griffith DA (2004). Distributional properties of georeferenced random variables based on the eigenfunction spatial filter. J Geogr Syst 6 (3): 263 – 288

Griffith DA (2003). Spatial autocorrelation and spatial filtering. Springer, Berlin

Griffith DA (2002). A spatial filtering specification for the auto-Poisson model. Stat Probab Lett 58 (2): 245 – 251

Griffith DA (2000). A linear regression solution to the spatial autocorrelation problem. J Geogr Syst 2 (2): 141 – 156

Griffith DA (1988). Advanced spatial statistics. Kluwer, Dordrecht

Griffith DA, Sone A (1995). Trade-offs associated with normalizing constant computational simplifications for estimating spatial statistical models. J Stat Comput Simul 51 (2 – 4): 165 – 183

Haining RP (2010). The nature of georeferenced data. In: Fischer MM, Getis A (eds) Handbook of applied spatial analysis. Software tools, methods and applications. Springer, Berlin, pp. 197 – 217

Haining RP (2003). Spatial data analysis: theory and practice. Cambridge University Press, Cambridge

Haining RP (1990). Spatial data analysis in the social and environmental sciences. Cambridge University Press, Cambridge

参考文献

Haining R，Law J，Griffith D (2009). Modelling small area counts in the presence of overdispersion and spatial autocorrelation. Comput Stat Data Anal 53 (8)：2923 - 2937

Kelejian H，Prucha IR (2010). Spatial models with spatially lagged dependent variables and incomplete data. J Geogr Syst 12 (3)：241 - 257

Kelejian H，Prucha IR (1999). A generalized moments estimator for the autoregressive parameter in a spatial model. Int Econ Rev 40 (2)：509 - 533

Kelejian H，Prucha IR (1998). A generalized spatial two stage least squares procedure for estimating a spatial autoregressive model with autoregressive disturbances. J Real Estate Finance Econ 17 (1)：99 - 121

Kelejian H, Tavlas GS, Hondronyiannis G (2006). A spatial modeling approach to contagion among emerging economies. Open Econ Rev 17 (4/5)：423 - 442

Kim CW，Phipps TT, Anselin L (2003). Measuring the benefits of air quality improvement：a spatial hedonic approach. J Environ Econ Manag 45 (1)：24 - 39

Ledent J (1985). The doubly constrained model of spatial interaction：a more general formulation. Environ Plan A 17 (2)：253 - 262

Lee M，Pace RK (2005). Spatial distribution of retail sales. J Real Estate Finance Econ 31 (1)：53 - 69

LeSage JP (1997). Bayesian estimation of spatial autoregressive models. Int Reg Sci Rev 20 (1/2)：113 - 129

LeSage JP, Fischer MM (2010). Spatial econometric methods for modeling origin-destination flows. In：Fischer MM, Getis A (eds) Handbook of applied spatial analysis. Software tools, methods and applications. Springer, Berlin, pp. 413 - 437

空间数据分析：模型、方法与技术

LeSage JP, Fischer MM (2008). Spatial growth regressions: model speci-
fication, estimation and interpretation. Spatial Econ Anal 3 (3): 275 – 304

LeSage JP, Pace RK (2010). Spatial econometric models. In: Fischer
MM, Getis A (eds) Handbook of applied spatial analysis. Software tools,
methods and applications. Springer, Berlin, pp. 355 – 376

LeSage JP, Pace RK (2009). Introduction to spatial econometrics. CRC
Press (Taylor & Francis Group), Boca Raton

LeSage JP, Pace RK (2008). Spatial econometric modeling of origin-desti-
nation flows. J Reg Sci 48 (5): 941 – 967

LeSage JP, Pace RK (2004). Introduction. In: LeSage JP, Pace RK (eds)
Spatial and spatiotemporal econometrics. Elsevier, Amsterdam, pp. 1 – 32

LeSage JP, Fischer MM, Scherngell T (2007). Knowledge spillovers
across Europe: evidence from a Poisson spatial interaction model with spatial
effects. Pap Reg Sci 86 (3): 393 – 421

Liu X, LeSage JP (2010). Arc _ Mat: a Matlab-based spatial data analysis
toolbox. J Geogr Syst 12 (1): 69 – 87

Longley PA, Goodchild MF, Maguire DJ, Rhind DW (2001). Geographic
information systems and science. Wiley, Chichester

Martin RJ (1993). Approximations to the determinant term in Gaussian
maximum likelihood estimation of some spatial models. Communications in Sta-
tistics: theory and methods 22 (1): 189 – 205

Mur J, Angulo A (2006). The spatial Durbin model and the common fac-
tor tests. Spatial Econ Anal 1 (2): 207 – 226

Openshaw S (1981). The modifiable areal unit problem. University of
East Anglia, Norwich

Openshaw S, Taylor P (1979). A million or so correlation coefficients: the

参考文献

experiments on the modifiable areal unit problem. In: Wrigley N (ed) Statistical applications in the spatial sciences. Pion, London, pp. 127 – 144

Ord JK (1975). Estimation methods for models of spatial interaction. J Am Stat Assoc 70 (1): 120 – 126

Ord JK, Getis A (1995). Local spatial autocorrelation statistics: distributional issues and an application. Geogr Anal 27 (4): 286 – 306

Pace RK, Barry RP (1997). Quick computation of spatial autoregressive estimates. Geogr Anal 29 (3): 232 – 246

Pace RK, LeSage JP (2009). A sampling approach to estimate the log determinant used in spatial likelihood problems. J Geogr Syst 11 (3): 209 – 225

Pace RK, LeSage JP (2006). Interpreting spatial econometric models. Paper presented at the RSAI North-American meetings, Toronto, Nov 2006

Pace RK, LeSage JP (2004). Techniques for improved approximation of the determinant term in the spatial likelihood function. Comput Stat Data Anal 45 (2): 179 – 196

Ripley B (1988). Statistical inference for spatial processes. Cambridge University Press, Cambridge

Roy JR (2004). Spatial interaction modelling. A regional science context. Springer, Berlin

Roy JR, Thill J-C (2004). Spatial interaction modelling. Pap Reg Sci 83 (1): 339 – 361

Sen A, Smith TE (1995). Gravity models of spatial interaction behavior. Springer, Berlin

Sidák Z (1967). Rectangular confidence regions for the means of multivariate normal distributions. J Am Stat Assoc 62 (318): 626 – 633

Smirnov O, Anselin L (2001). Fast maximum likelihood estimation of very large spatial autoregressive models: a characteristic polynomial approach. Comput Stat Data Anal 35 (3): 301 – 319

Tiefelsdorf M (2003). Misspecification in interaction model distance relations: a spatial structure effect. J Geogr Syst 5 (1): 25 – 50

Tiefelsdorf M, Boots B (1995). The specification of constrained interaction models using SPSS loglinear procedure. Geogr Syst 2 (1): 21 – 38

Tiefelsdorf M, Griffith DA (2007). Semiparameter filtering of spatial autocorrelation: the eigenvector approach. Environ Plan A 39 (5): 1193 – 1221

Tobler WR (1970). A computer movie simulating urban growth in the Detroit region. Econ Geogr 46 (2): 234 – 240

Tukey JW (1977). Exploratory data analysis. Addison Wesley, Reading

Upton G, Fingleton B (1985). Spatial data analysis by example. Wiley, New York

Wang JF, Haining R, Cao ZD (2010). Sampling surveying to estimate the mean of a heterogeneous surface: reducing the error variance through zoning. Int J Geogr Inform Sci 24 (4): 523 – 543

Wilson AG (1967). A statistical theory of spatial distribution models. Transp Res 1 (3): 253 – 269

参考文献

序号	书名	作者	Author	单价	出版年份	ISBN
1	空间数据分析:模型、方法与技术	曼弗雷德·M.费希尔等	Manfred M. Fischer	36.00	2018	978-7-300-25304-6
2	《宏观经济学》(第十二版)学习指导书	鲁迪格·多恩布什等	Rudiger Dornbusch	38.00	2018	978-7-300-26063-1
3	宏观经济学(第四版)	保罗·克鲁格曼等	Paul Krugman	68.00	2018	978-7-300-26068-6
4	计量经济学导论:现代观点(第六版)	杰弗里·M.伍德里奇	Jeffrey M. Wooldridge	109.00	2018	978-7-300-25914-7
5	经济思想史:伦敦经济学院讲演录	莱昂内尔·罗宾斯	Lionel Robbins	59.80	2018	978-7-300-25258-2
6	空间计量经济学入门——在R中的应用	朱塞佩·阿尔比亚	Giuseppe Arbia	45.00	2018	978-7-300-25458-6
7	克鲁格曼经济学原理(第四版)	保罗·克鲁格曼等	Paul Krugman	88.00	2018	978-7-300-25639-9
8	发展经济学(第七版)	德怀特·H.波金斯等	Dwight H. Perkins	98.00	2018	978-7-300-25506-4
9	线性与非线性规划(第四版)	戴维·G.卢恩伯格等	David G. Luenberger	79.80	2018	978-7-300-25391-6
10	产业组织理论	让·梯若尔	Jean Tirole	110.00	2018	978-7-300-25170-7
11	经济学精要(第六版)	巴德、帕金	Bade、Parkin	89.00	2018	978-7-300-24749-6
12	空间计量经济学——空间数据的分位数回归	丹尼尔·P.麦克米伦	Daniel P. McMillen	30.00	2018	978-7-300-23949-1
13	高级宏观经济学基础(第二版)	本·J.海德拉	Ben J. Heijdra	88.00	2018	978-7-300-25147-9
14	税收经济学(第二版)	伯纳德·萨拉尼耶	Bernard Salanié	42.00	2018	978-7-300-23866-1
15	国际宏观经济学(第三版)	罗伯特·C.芬斯特拉	Robert C. Feenstra	79.00	2017	978-7-300-25326-8
16	公司治理(第五版)	罗伯特·A.G.蒙克斯	Robert A. G. Monks	69.80	2017	978-7-300-24972-8
17	国际经济学(第15版)	罗伯特·J.凯伯	Robert J. Carbaugh	78.00	2017	978-7-300-24844-8
18	经济理论和方法史(第五版)	小罗伯特·B.埃克伦德等	Robert B. Ekelund. Jr.	88.00	2017	978-7-300-22497-8
19	经济地理学	威廉·P.安德森	William P. Anderson	59.80	2017	978-7-300-24544-7
20	博弈与信息:博弈论概论(第四版)	艾里克·拉斯穆森	Eric Rasmusen	79.80	2017	978-7-300-24546-1
21	MBA宏观经济学	莫里斯·A.戴维斯	Morris A. Davis	38.00	2017	978-7-300-24268-2
22	经济学基础(第十六版)	弗兰克·V.马斯切纳	Frank V. Mastrianna	42.00	2017	978-7-300-22607-1
23	高级微观经济学:选择与竞争性市场	戴维·M.克雷普斯	David M. Kreps	79.80	2017	978-7-300-23674-2
24	博弈论与机制设计	Y.内拉哈里	Y. Narahari	69.80	2017	978-7-300-24209-5
25	宏观经济学精要:理解新闻中的经济学(第三版)	彼得·肯尼迪	Peter Kennedy	45.00	2017	978-7-300-21617-1
26	宏观经济学(第十二版)	鲁迪格·多恩布什等	Rudiger Dornbusch	69.00	2017	978-7-300-23772-5
27	国际金融与开放宏观经济学:理论、历史与政策	亨德里克·范登伯格	Hendrik Van den Berg	68.00	2016	978-7-300-23380-2
28	经济学(微观部分)	达龙·阿西莫格鲁等	Daron Acemoglu	59.00	2016	978-7-300-21786-4
29	经济学(宏观部分)	达龙·阿西莫格鲁等	Daron Acemoglu	45.00	2016	978-7-300-21886-1
30	发展经济学	热若尔·罗兰	Gérard Roland	79.00	2016	978-7-300-23379-6
31	中级微观经济学——直觉思维与数理方法(上下册)	托马斯·J.内契巴	Thomas J. Nechyba	128.00	2016	978-7-300-22363-6
32	环境与自然资源经济学(第十版)	汤姆·蒂坦伯格等	Tom Tietenberg	72.00	2016	978-7-300-22900-3
33	劳动经济学基础(第二版)	托马斯·海克拉克等	Thomas Hyclak	65.00	2016	978-7-300-23146-4
34	货币金融学(第十一版)	弗雷德里克·S.米什金	Frederic S. Mishkin	85.00	2016	978-7-300-23001-6
35	动态优化——经济学和管理学中的变分法和最优控制(第二版)	莫顿·I.凯曼等	Morton I. Kamien	48.00	2016	978-7-300-23167-9
36	用Excel学习中级微观经济学	温贝托·巴雷托	Humberto Barreto	65.00	2016	978-7-300-21628-7
37	宏观经济学(第九版)	N·格里高利·曼昆	N. Gregory Mankiw	79.00	2016	978-7-300-23038-2
38	国际经济学:理论与政策(第十版)	保罗·R.克鲁格曼等	Paul R. Krugman	89.00	2016	978-7-300-22710-8
39	国际金融(第十版)	保罗·R.克鲁格曼等	Paul R. Krugman	55.00	2016	978-7-300-22089-5
40	国际贸易(第十版)	保罗·R.克鲁格曼等	Paul R. Krugman	42.00	2016	978-7-300-22088-8
41	经济学精要(第3版)	斯坦利·L.布鲁伊等	Stanley L. Brue	58.00	2016	978-7-300-22301-8
42	经济分析史(第七版)	英格里德·H.里马	Ingrid H. Rima	72.00	2016	978-7-300-22294-3
43	投资学精要(第九版)	兹维·博迪等	Zvi Bodie	108.00	2016	978-7-300-22236-3
44	环境经济学(第二版)	查尔斯·D.科尔斯塔德	Charles D. Kolstad	68.00	2016	978-7-300-22255-4
45	MWG《微观经济理论》习题解答	原千晶等	Chiaki Hara	75.00	2016	978-7-300-22306-3
46	现代战略分析(第七版)	罗伯特·M.格兰特	Robert M. Grant	68.00	2016	978-7-300-17123-4
47	横截面与面板数据的计量经济分析(第二版)	杰弗里·M.伍德里奇	Jeffrey M. Wooldridge	128.00	2016	978-7-300-21938-7
48	宏观经济学(第十二版)	罗伯特·J.戈登	Robert J. Gordon	75.00	2016	978-7-300-21978-3
49	动态最优化基础	蒋中一	Alpha C. Chiang	42.00	2015	978-7-300-22068-0
50	城市经济学	布伦丹·奥弗莱厄蒂	Brendan O'Flaherty	69.80	2015	978-7-300-22067-3
51	管理经济学:理论、应用与案例(第八版)	布鲁斯·艾伦等	Bruce Allen	79.80	2015	978-7-300-21991-2
52	经济政策:理论与实践	阿格尼丝·贝纳西-奎里等	Agnès Bénassy-Quéré	79.80	2015	978-7-300-21921-9
53	微观经济分析(第三版)	哈尔·R.范里安	Hal R. Varian	68.00	2015	978-7-300-21536-5
54	财政学(第十版)	哈维·S.罗森等	Harvey S. Rosen	68.00	2015	978-7-300-21754-3
55	经济数学(第三版)	迈克尔·霍伊等	Michael Hoy	88.00	2015	978-7-300-21674-4
56	发展经济学(第九版)	A.P.瑟尔沃	A. P. Thirlwall	69.80	2015	978-7-300-21193-0

序号	书名	作者	Author	单价	出版年份	ISBN
	经济科学译丛					
57	宏观经济学(第五版)	斯蒂芬·D·威廉森	Stephen D. Williamson	69.00	2015	978-7-300-21169-5
58	资源经济学(第三版)	约翰·C·伯格斯特罗姆等	John C. Bergstrom	58.00	2015	978-7-300-20742-1
59	应用中级宏观经济学	凯文·D·胡佛	Kevin D. Hoover	78.00	2015	978-7-300-21000-1
60	计量经济学导论:现代观点(第五版)	杰弗里·M·伍德里奇	Jeffrey M. Wooldridge	99.00	2015	978-7-300-20815-2
61	现代时间序列分析导论(第二版)	约根·沃特斯等	Jürgen Wolters	39.80	2015	978-7-300-20625-7
62	空间计量经济学——从横截面数据到空间面板	J·保罗·埃尔霍斯特	J. Paul Elhorst	32.00	2015	978-7-300-21024-7
63	国际经济学原理	肯尼思·A·赖纳特	Kenneth A. Reinert	58.00	2015	978-7-300-20830-5
64	经济写作(第二版)	迪尔德丽·N·麦克洛斯基	Deirdre N. McCloskey	39.80	2015	978-7-300-20914-2
65	计量经济学方法与应用(第五版)	巴蒂·H·巴尔塔基	Badi H. Baltagi	58.00	2015	978-7-300-20584-7
66	战略经济学(第五版)	戴维·贝赞可等	David Besanko	78.00	2015	978-7-300-20679-0
67	博弈论导论	史蒂文·泰迪里斯	Steven Tadelis	58.00	2015	978-7-300-19993-1
68	社会问题经济学(第二十版)	安塞尔·M·夏普等	Ansel M. Sharp	49.00	2015	978-7-300-20279-2
69	博弈论:矛盾冲突分析	罗杰·B·迈尔森	Roger B. Myerson	58.00	2015	978-7-300-20212-9
70	时间序列分析	詹姆斯·D·汉密尔顿	James D. Hamilton	118.00	2015	978-7-300-20213-6
71	经济问题与政策(第五版)	杰奎琳·默里·布鲁克斯	Jacqueline Murray Brux	58.00	2014	978-7-300-17799-1
72	微观经济理论	安德鲁·马斯-克莱尔等	Andreu Mas-Collel	148.00	2014	978-7-300-19986-3
73	产业组织:理论与实践(第四版)	唐·E·瓦尔德曼等	Don E. Waldman	75.00	2014	978-7-300-19722-7
74	公司金融理论	让·梯若尔	Jean Tirole	128.00	2014	978-7-300-20178-8
75	经济学精要(第三版)	R·格伦·哈伯德等	R. Glenn Hubbard	85.00	2014	978-7-300-19362-5
76	公共部门经济学	理查德·W·特里西	Richard W. Tresch	49.00	2014	978-7-300-18442-5
77	计量经济学原理(第六版)	彼得·肯尼迪	Peter Kennedy	69.80	2014	978-7-300-19342-7
78	统计学:在经济中的应用	玛格丽特·刘易斯	Margaret Lewis	45.00	2014	978-7-300-19082-2
79	产业组织:现代理论与实践(第四版)	林恩·佩波尔等	Lynne Pepall	88.00	2014	978-7-300-19166-9
80	计量经济学导论(第三版)	詹姆斯·H·斯托克等	James H. Stock	69.00	2014	978-7-300-18467-8
81	发展经济学导论(第四版)	秋山裕	秋山裕	39.80	2014	978-7-300-19127-0
82	中级微观经济学(第六版)	杰弗里·M·佩罗夫	Jeffrey M. Perloff	89.00	2014	978-7-300-18441-8
83	平狄克《微观经济学》(第八版)学习指导	乔纳森·汉密尔顿等	Jonathan Hamilton	32.00	2014	978-7-300-18970-3
84	微观经济学(第八版)	罗伯特·S·平狄克等	Robert S. Pindyck	79.00	2013	978-7-300-17133-3
85	微观银行经济学(第二版)	哈维尔·弗雷克斯等	Xavier Freixas	48.00	2014	978-7-300-18940-6
86	施米托夫论出口贸易——国际贸易法律与实务(第11版)	克利夫·M·施米托夫等	Clive M. Schmitthoff	168.00	2014	978-7-300-18425-8
87	微观经济学思维	玛莎·L·奥尔尼	Martha L. Olney	29.80	2013	978-7-300-17280-4
88	宏观经济学思维	玛莎·L·奥尔尼	Martha L. Olney	39.80	2013	978-7-300-17279-8
89	计量经济学原理与实践	达摩达尔·N·古扎拉蒂	Damodar N. Gujarati	49.80	2013	978-7-300-18169-1
90	现代战略分析案例集	罗伯特·M·格兰特	Robert M. Grant	48.00	2013	978-7-300-16038-2
91	高级国际贸易:理论与实证	罗伯特·C·芬斯特拉	Robert C. Feenstra	59.00	2013	978-7-300-17157-9
92	经济学简史——处理沉闷科学的巧妙方法(第二版)	E·雷·坎特伯里	E. Ray Canterbery	58.00	2013	978-7-300-17571-3
93	管理经济学(第四版)	方博亮等	Ivan Png	80.00	2013	978-7-300-17000-8
94	微观经济学原理(第五版)	巴德,帕金	Bade,Parkin	65.00	2013	978-7-300-16930-9
95	宏观经济学原理(第五版)	巴德,帕金	Bade,Parkin	63.00	2013	978-7-300-16929-3
96	环境经济学	彼得·伯克等	Peter Berck	55.00	2013	978-7-300-16538-7
97	高级微观经济理论	杰弗里·杰里	Geoffrey A. Jehle	69.00	2012	978-7-300-16613-1
98	高级宏观经济学导论:增长与经济周期(第二版)	彼得·伯奇·索伦森等	Peter Birch Sørensen	95.00	2012	978-7-300-15871-6
99	宏观经济学:政策与实践	弗雷德里克·S·米什金	Frederic S. Mishkin	69.00	2012	978-7-300-16443-4
100	宏观经济学(第二版)	保罗·克鲁格曼	Paul Krugman	45.00	2012	978-7-300-15029-1
101	宏观经济学(第二版)	保罗·克鲁格曼	Paul Krugman	69.80	2012	978-7-300-14835-9
102	克鲁格曼《微观经济学(第二版)》学习手册	伊丽莎白·索耶·凯利	Elizabeth Sawyer Kelly	58.00	2013	978-7-300-17002-2
103	克鲁格曼《宏观经济学(第二版)》学习手册	伊丽莎白·索耶·凯利	Elizabeth Sawyer Kelly	36.00	2013	978-7-300-17024-4
104	微观经济学(第十一版)	埃德温·曼斯费尔德	Edwin Mansfield	88.00	2012	978-7-300-15050-5
105	卫生经济学(第六版)	舍曼·富兰克等	Sherman Folland	79.00	2011	978-7-300-14645-4
106	宏观经济学(第七版)	安德鲁·B·亚伯等	Andrew B. Abel	78.00	2011	978-7-300-14223-4

经济科学译丛

序号	书名	作者	Author	单价	出版年份	ISBN
107	现代劳动经济学:理论与公共政策(第十版)	罗纳德·G·伊兰伯格等	Ronald G. Ehrenberg	69.00	2011	978-7-300-14482-5
108	宏观经济学:理论与政策(第九版)	理查德·T·弗罗恩	Richard T. Froyen	55.00	2011	978-7-300-14108-4
109	经济学原理(第四版)	威廉·博伊斯等	William Boyes	59.00	2011	978-7-300-13518-2
110	计量经济学基础(第五版)(上下册)	达摩达尔·N·古扎拉蒂	Damodar N. Gujarati	99.00	2011	978-7-300-13693-6
111	《计量经济学基础》(第五版)学生习题解答手册	达摩达尔·N·古扎拉蒂等	Damodar N. Gujarati	23.00	2012	978-7-300-15080-8
112	计量经济分析(第六版)(上下册)	威廉·H·格林	William H. Greene	128.00	2011	978-7-300-12779-8
113	国际贸易	罗伯特·C·芬斯特拉等	Robert C. Feenstra	49.00	2011	978-7-300-13704-9
114	经济增长(第二版)	戴维·N·韦尔	David N. Weil	63.00	2011	978-7-300-12778-1
115	投资科学	戴维·G·卢恩伯格	David G. Luenberger	58.00	2011	978-7-300-14747-5
116	金融学(第二版)	兹维·博迪等	Zvi Bodie	59.00	2010	978-7-300-11134-6
117	博弈论	朱·弗登博格等	Drew Fudenberg	68.00	2010	978-7-300-11785-0

金融学译丛

序号	书名	作者	Author	单价	出版年份	ISBN
1	金融学原理(第八版)	阿瑟·J·基翁等	Arthur J. Keown	79.00	2018	978-7-300-25638-2
2	财务管理基础(第七版)	劳伦斯·J·吉特曼等	Lawrence J. Gitman	89.00	2018	978-7-300-25339-8
3	利率互换及其他衍生品	霍华德·科伯	Howard Corb	69.00	2018	978-7-300-25294-0
4	固定收益证券手册(第八版)	弗兰克·J·法博齐	Frank J. Fabozzi	228.00	2017	978-7-300-24227-9
5	金融市场与金融机构(第8版)	弗雷德里克·S·米什金等	Frederic S. Mishkin	86.00	2017	978-7-300-24731-1
6	兼并、收购和公司重组(第六版)	帕特里克·A·高根	Patrick A. Gaughan	89.00	2017	978-7-300-24231-6
7	债券市场:分析与策略(第九版)	弗兰克·J·法博齐	Frank J. Fabozzi	98.00	2016	978-7-300-23495-3
8	财务报表分析(第四版)	马丁·弗里德森	Martin Fridson	46.00	2016	978-7-300-23037-5
9	国际金融学	约瑟夫·P·丹尼尔斯等	Joseph P. Daniels	65.00	2016	978-7-300-23037-1
10	国际金融	阿德里安·巴克利	Adrian Buckley	88.00	2016	978-7-300-22668-2
11	个人理财(第六版)	阿瑟·J·基翁	Arthur J. Keown	85.00	2016	978-7-300-22711-5
12	投资学基础(第三版)	戈登·J·亚历山大等	Gordon J. Alexander	79.00	2015	978-7-300-20274-7
13	金融风险管理(第二版)	彼德·F·克里斯托弗森	Peter F. Christoffersen	46.00	2015	978-7-300-21210-4
14	风险管理与保险管理(第十二版)	乔治·E·瑞达等	George E. Rejda	95.00	2015	978-7-300-21486-3
15	个人理财(第五版)	杰夫·马杜拉	Jeff Madura	69.00	2015	978-7-300-20583-0
16	企业价值评估	罗伯特·A·G·蒙克斯等	Robert A. G. Monks	58.00	2015	978-7-300-20582-3
17	基于Excel的金融学原理(第二版)	西蒙·本尼卡	Simon Benninga	79.00	2014	978-7-300-18899-7
18	金融工程学原理(第二版)	萨利赫·N·内夫特奇	Salih N. Neftci	88.00	2014	978-7-300-19348-9
19	投资学导论(第十版)	赫伯特·B·梅奥	Herbert B. Mayo	69.00	2014	978-7-300-18971-0
20	国际金融市场导论(第六版)	斯蒂芬·瓦尔德斯等	Stephen Valdez	59.80	2014	978-7-300-18896-6
21	金融数学:金融工程引论(第二版)	马雷克·凯宾斯基等	Marek Capinski	42.00	2014	978-7-300-17650-5
22	财务管理(第二版)	雷蒙德·布鲁克斯	Raymond Brooks	69.00	2014	978-7-300-19085-3
23	期货与期权市场导论(第七版)	约翰·C·赫尔	John C. Hull	69.00	2014	978-7-300-18994-2
24	国际金融:理论与实务	皮特·塞尔居	Piet Sercu	88.00	2014	978-7-300-18413-5
25	货币、银行和金融体系	R·格伦·哈伯德等	R. Glenn Hubbard	75.00	2013	978-7-300-17856-1
26	并购创造价值(第二版)	萨德·苏达斯纳	Sudi Sudarsanam	89.00	2013	978-7-300-17473-0
27	个人理财——理财技能培养方法(第三版)	杰克·R·卡普尔等	Jack R. Kapoor	66.00	2013	978-7-300-16687-2
28	国际财务管理	吉尔特·贝克特	Geert Bekaert	95.00	2012	978-7-300-16031-3
29	应用公司财务(第三版)	阿斯沃思·达摩达兰	Aswath Damodaran	88.00	2012	978-7-300-16034-4
30	资本市场:机构与工具(第四版)	弗兰克·J·法博齐	Frank J. Fabozzi	85.00	2011	978-7-300-13828-2
31	衍生品市场(第二版)	罗伯特·L·麦克唐纳	Robert L. McDonald	98.00	2011	978-7-300-13130-6
32	跨国金融原理(第三版)	迈克尔·H·莫菲特等	Michael H. Moffett	78.00	2011	978-7-300-12781-1
33	统计与金融	戴维·鲁珀特	David Ruppert	48.00	2010	978-7-300-11547-4
34	国际投资(第六版)	布鲁诺·索尔尼克等	Bruno Solnik	62.00	2010	978-7-300-11289-3

图书在版编目（CIP）数据

空间数据分析：模型、方法与技术/（ ）曼弗雷德·M. 弗希尔，王劲峰著；张璐，肖光恩，吕博才译 . —北京：中国人民大学出版社，2018.10
（经济科学译丛）
ISBN 978-7-300-25304-6

Ⅰ.①空…　Ⅱ.①曼…②王…③张…④肖…⑤吕…　Ⅲ.①空间信息系统-数据处理-研究　Ⅳ.①P208

中国版本图书馆 CIP 数据核字（2017）第 311960 号

"十三五"国家重点出版物出版规划项目
经济科学译丛
空间数据分析：模型、方法与技术
曼弗雷德·M. 费希尔　王劲峰　著
张　璐　肖光恩　吕博才　译
肖光恩　总校译
Kongjian Shuju Fenxi：Moxing Fangfa yu Jishu

出版发行	中国人民大学出版社	
社　址	北京中关村大街 31 号	**邮政编码**　100080
电　话	010 - 62511242（总编室）	010 - 62511770（质管部）
	010 - 82501766（邮购部）	010 - 62514148（门市部）
	010 - 62515195（发行公司）	010 - 62515275（盗版举报）
网　址	http://www.crup.com.cn	
	http://www.ttrnet.com（人大教研网）	
经　销	新华书店	
印　刷	北京东君印刷有限公司	
规　格	185 mm×260 mm　16 开本	**版　次**　2018 年 10 月第 1 版
印　张	6.25 插页 2	**印　次**　2018 年 10 月第 1 次印刷
字　数	79 000	**定　价**　36.00 元